智能光电信息处理与传输技术丛书 ‖‖‖

耦合量子点体系光磁电输运性质

贺泽龙　著

中国科学技术大学出版社

内 容 简 介

本书主要介绍了耦合量子点体系光磁电输运性质,并在量子点体系自旋输运性质、光子辅助电输运性质、Fano效应、热电输运性质等方面开展了系统、深入的前沿性研究。书中提出了基于耦合量子点体系的一些光子辅助自旋电子学器件的新概念(如可调自旋过滤器、自旋极化脉冲器等);研究和揭示了电子输运中的一些新效应及物理机理(如电场和磁场效应、温度效应、量子尺寸效应、自旋轨道耦合效应等);系统地研究了耦合多量子点 AB 干涉仪的光子辅助电输运性质,可实现光子-电子泵功能;对耦合量子点体系热电效应进行了系统性的研究,给出了一种提高热电优值的新方法。

本书适合在低维体系光磁电输运性质方面从事科学研究的研究生使用。

图书在版编目(CIP)数据

耦合量子点体系光磁电输运性质/贺泽龙著. —合肥:中国科学技术大学出版社,2022.10

(智能光电信息处理与传输技术丛书)

ISBN 978-7-312-05525-6

Ⅰ.耦… Ⅱ.贺… Ⅲ.量子—输运性质 Ⅳ.O431.2

中国版本图书馆 CIP 数据核字(2022)第 183361 号

耦合量子点体系光磁电输运性质

OUHE LIANGZI DIAN TIXI GUANG-CIDIAN SHUYUN XINGZHI

出版　中国科学技术大学出版社
　　　安徽省合肥市金寨路 96 号,230026
　　　http://press.ustc.edu.cn
　　　https://zgkxjsdxcbs.tmall.com
印刷　安徽省瑞隆印务有限公司
发行　中国科学技术大学出版社
开本　710 mm×1000 mm　1/16
印张　9.25
字数　193 千
版次　2022 年 10 月第 1 版
印次　2022 年 10 月第 1 次印刷
定价　56.00 元

前　言

目前,我国物理领域的研究越来越受到关注。随着科技的快速发展,在物理学中,电输运的相关领域也逐渐成为科技前沿,尤其是关于低维体系电输运性质的研究成为近几年科研工作者的研究热点。本书正是基于此背景撰写的。

半导体量子点在凝聚态物理学中占有十分重要的位置,一方面,它可为研究者理解物理宏观性质提供重要的中介手段,帮助理解量子力学和统计力学的一些基本原理;另一方面,其本身所表现出的一些特殊物理现象在新一代纳米器件的设计中有着重大应用前景。与传统的电子器件相比,量子点器件具有稳定性好、数据处理速度快、功率损耗低以及集成度高等优点。量子点器件与凝聚态物理、电子学、光学、材料科学和纳米技术等学科交叉密切。目前,关于量子点的固态量子计算的实验研究已取得重大进展。量子点器件将用于制造量子计算机,对量子计算和量子信息研究具有重要的科学意义。此外,随着半导体技术的发展,人们对介观系统的研究正在逐步深入,尤其是近年来,由于耦合量子点体系器件应用前景大好,且制备工艺十分精湛,对其的研究和开发正如火如荼地进行。因此,对耦合量子点体系光磁电输运性质的研究具有重要的实际应用价值。

本书共 12 章。第 1 章概述了量子点的定义和分类,并对量子点的研究现状进行了介绍。第 2 章和第 3 章对嵌入量子点的 AB 干涉仪电输运性质进行了研究,分别讨论了 Rashba 自旋轨道相互作用、点内电子间库仑相互作用和磁通对电输运性质的影响。第 4 章和第 5 章主要讨论了耦合三量子点体系中 Fano 效应。第 6 章和第 7 章主要研究了四端耦合量子点体系中,电子通过不同支路时的电输运性质。第 8 章提出了多量子点环系统被用于自旋过滤器和磁控量子开关的可行性。第 9 章简单介绍了光辅助电输运性质,分析了含时外场是如何影响电输运性质的。第 10 章阐述了热电性质,主要讨论了量子点系统是如何获得较大热电优值的。第 11 章提出了量子点体系可被用于光控量子开关和光子电子泵。第 12 章主要讨论了太赫兹光场辐照砷化铟量子点系统的自旋极化输运性质。

　　在此感谢与我一同做科学研究的老师和学生,他们对科研所表现出来的热爱,激励我努力写好本书;还要特别感谢智清双和白继元两位同事为本书的绘图和编排所做的工作;感谢国家自然科学基金项目对本书的资助。同时由于本书撰写时间较长且时有间断,书中如存在不当和错误,请读者不吝赐教,批评指正。

贺泽龙

2022 年 6 月

目　　录

第1章 绪 论

随着现代科学技术的不断发展,凝聚态物理学的研究对象不断扩大,特别是低维体系得到了很大关注。当材料在某一个维度的尺寸变得很小时,那它就变成了二维体系;当在三个维度上的尺寸都变得很小时,就称它为零维体系。零维体系中的一个突出例子就是量子点。量子点是当前凝聚态领域极受关注的研究对象。

1.1 量子点的定义和分类

典型的量子点是在半导体材料中限定的一个尺度为 10~100 nm 的小区域。首次研究该问题是在 20 世纪 80 年代后期,所以这是一个相对新的和活跃的研究领域。近年来,在关于量子点及其耦合量子系统的研究中,人们发现了量子混沌、量子 Hall 效应、单电荷现象等,并建立了针对这种结构的"人造原子物理学"以及与之相关的量子力学等一系列理论。最近的电子输运实验表明,在分子系统和小的金属颗粒中也有同样的物理现象。所以,我们也可以把孤立的小金属颗粒看成量子点结构。

1.1.1 量子点的定义

若要严格定义量子点,则必须由量子力学出发。我们知道电子具有粒子性与波动性,电子的物质波特性取决于其费米波长 $\lambda_F = 2\pi/k_F$。在一般的块材中,电子的波长远小于块材尺寸,因此量子局限效应不显著。如果将某一个维度的尺寸缩到小于一个波长,此时电子只能在另外两个维度所构成的二维空间中自由运动,我们称这样的系统为量子阱;如果再将另一个维度的尺寸缩到小于一个波长,则电子只能在一维方向上运动,称为量子线;当三个维度的尺寸都缩小到一个波长以下时,就成为量子点了。

1.1.2 量子点的分类

半导体量子点可以用类似于量子线的制造方法,在二维电子气结构基础上制造,除此之外还有分裂栅技术和刻蚀技术两种制造方法。这两种方法制造的量子点分别被称为横向量子点和竖直量子点(图 1.1)。

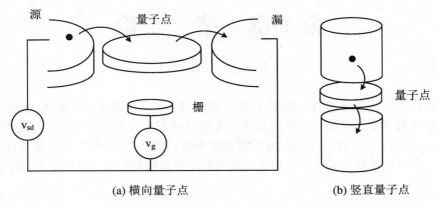

(a) 横向量子点   (b) 竖直量子点

图 1.1　量子点结构示意图

1．横向量子点

在 GaAs/AlGaAs 的表面加上金属栅极,使电流完全在二维电子气平面内流动的器件,如图 1.1(a)所示。低温下,迁移电子仅限制在 GaAs/AlGaAs 的界面,二维电子气位于异质结表面附近 100 nm 处。二维电子气电子密度 n_s 的典型值是 $(1\sim5)\times10^{15}/cm^2$。为了制造纳米尺度的器件,用电子束刻蚀技术在基片表面形成金属栅的图形。栅的特征尺寸可以小到 50 nm。给金属栅的表面加上负的栅压,在二维电子气中限制出一条窄线和势垒,这样的系统非常适合进行量子输运实验。这种技术可以制造出尺度远小于电子平均自由程的器件,电子通过这种器件的输运是弹道的。另外,器件的尺度可以与电子的波长相比,使得量子限制的重要性得以体现。在不同几何形状栅的研究中发现,介观输运与常规导体的输运相比具有很多不同的特点。例如,量子点和量子点线的输运有相干共振的特点。

2．竖直量子点

最早的实验结构是将 GaAs/AlGaAs 异质结构刻蚀形成一个亚微米的柱状体,制造成双势垒结构,如图 1.1(b)所示。其中的孤立部分被称为竖直量子点,因为横向部分已完全隔离,电流只能沿着异质材料的生长方向做隧穿运动。Reed 等发现这种结构的 *I-V* 特性显示出与横向限制量子态相关的共振隧穿现象[1]。竖直量子点最大的特点是可以制成包含少量过剩电子(电子数目小于 20 个)的三维限制结构。横向量子点中,限制在单个点中的过剩电子数目在 20 到 300 个之间。最近制造的竖直量子点中过剩电子数目可以少到几个,通常也称为少电子量子点。

1.2　耦合量子点研究现状简介

在纳米器件中有关自旋过滤性质的研究一直是介观物理和自旋电子学里面的核心内容之一。同时自旋过滤与量子计算、量子信息研究领域息息相关,在量子点里电子自旋能够被作为量子比特,因此,量子点能够被看作用来实现固态量子计算的一个基元。现在,量子点的自旋输运性质已经成为一个备受人们关注的研究热点。例如,Recher 等[2]提出单量子点可以作为自旋过滤器,当一个处于库仑阻塞区域的量子点与电极弱耦合时,在磁场的作用下量子点能够作为一个有效的自旋过滤器并产生一个自旋极化电流。与这种自旋过滤器相关的实验被 Hanson 实现[3],在实验中通过应用一个大的磁场来研究一个在二维电子气里形成的少电子量子点,同时观察到了两个电子自旋三重态的塞曼分裂。此外,由于平行双量子点体系既可作为理想的双杂质模型,也可用来研究强关联体系,因此,人们在用平行双量子点来实现自旋过滤方面做了许多研究。Sun 等[4]设计了一个双量子点自旋过滤器,这个自旋过滤器能够通过控制门压来实现自旋过滤,这比控制外磁场更加方便。通过这个器件的输运电子能够保持自旋相干,因此能够获得一个大的自旋流。Fang 等[5]研究了在考虑 Rashba 自旋轨道相互作用下基于 AB 干涉仪的自旋过滤器。由于 Rashba 自旋轨道的相互作用,电子通过环的两臂时将在线宽矩阵元里获得一个与自旋相关的相因子。这个相因子与磁通诱导的相因子的联合将产生一个与自旋相关的电输运。Chi 等[6]研究了平行双 Rashba 量子点作为一个自旋过滤器的可行性,在研究中考虑了 Rashba 自旋轨道相互作用、自旋相关的点间隧穿耦合和外磁通诱导的相因子的作用。最近,人们提出了三量子点作为自旋过滤器的设想。Vallejo 等[7]通过在耦合量子点体系中引入 Rashba 自旋轨道耦合,设计出了三量子点自旋过滤器。Gong 等[8]在三量子点体系中通过引入局域 Rashba 自旋轨道耦合,实现了从一端入射的电子可以根据其自旋取向离开耦合量子点体系,并到达一特定的端点,最终能够同时实现自旋极化和自旋分离。人们也开始研究基于在电导能谱中出现反共振带而导致的自旋过滤[9],在量子点中考虑塞曼效应会导致在反共振带处出现自旋极化窗。对耦合量子点体系自旋输运性质进行广泛深入的研究既能丰富物理学的内容,又能在量子器件设计上提供原理与思想。

近几年,在人们对耦合量子点体系电荷输运性质研究中,有关量子点的 Fano 效应引起了越来越多研究团体的关注[10-19]。Kobayashi 等[10]对一臂中嵌有一个量子点的 AB 干涉仪结构的 Fano 效应进行了研究,首次证明了在介观系统里 Fano 效应是可调的。通过调节相关结构参数,与相位相关的 Fano 效应的一些奇特性质被发现。Ladrón De Guevara 等[14]在研究一个双量子点干涉仪的电导时发现:电导能谱能够被看作由一个位于成键态的 Breit-Winger 共振和一个位于反键态的 Fano 共振组成,且改变结构的构型可以使得这些共振的宽度发生变化。Žitko[15] 研究了在有限温度下耦合双量子点体系的 Fano-Kondo 效应,观察到一个 Fano 共振型电导并讨论了 Fano 效应和 Kondo 效应共存后的结果。Fuhrer 等[16]对一个处于库仑阻塞区域的量子点侧面耦合一个量子环系统的 Fano 效应进行了研究,当量子点与环强耦合时,通过环的电流会呈现 Fano 型。Fano 共振的对称性依赖于通过环的磁通诱导的相因子和环-量子点之间的耦合强度。Tamura 等[17]研究了侧向耦合双量子点体系的 Fano-Kondo 效应,发现 Kondo 效应能够由 Fano 效应调制。Barański 等[18]对耦合于导电电极与超导电极之间的 T 型双量子点进行了研究,用电导能谱给出了 Fano 型退相干现象。Barański 等[19]还对与一个金属和一个超导电极相耦合的双量子点体系进行了研究,发现在一定条件下能够出现 Fano 型干涉。到目前为止,人们已对耦合双量子点进行了较详细且较深入的研究,从中发现了许多新的输运性质。耦合多量子点体系构型多种多样,因此仍有大量工作值得我们去研究。

近年来,随着信息技术和微加工技术的发展,为了满足更快的信息处理和更高集成度的电路,小型化已成为当今半导体电子器件的发展趋势。目前,微加工技术已经发展到可以将电子有效地限制在很窄的低维区域,例如二维量子阱、一维量子线和零维量子点,这些新型介观结构为研究和设计更小尺寸的电子器件提供了研究方向。随着人们对介观量子结构的深入研究,耦合量子点体系逐渐引起了研究人员的兴趣,对其电输运性质的研究就是其中一个很重要的方面。耦合量子点体系的尺寸已达到纳米量级,进入了介观物理学的研究范畴。当介观结构的尺寸大小与电子波函数的相干长度的大小相差无几时,其自身的量子效应就成为影响系统中电子物理特性的主要因素,从而展现出与宏观体系不同的物理特性,如量子点中能级的尖锐化和低的态密度会导致量子点结构中的载流子产生介电限域效应,使其电输运性能发生变化。耦合量子点体系所展现的新性质和新效应为未来开发新的纳米电子器件提供了发展方向和理论支撑。这些特性使得半导体量子点在集成电路、纳米电子学以及各种光电器件等方面具有广泛的潜在应用价值。

量子点的尺寸远小于载流子的自由程,量子点的输运受库仑阻塞效应的调节。通常,弹道输运过程可通过这种离散的量子态进行研究。在高频信号存在的情况下,非弹道输运过程也是可能的。当低维系统与外部光场相互作用时会产生许多全新的电子传输方式。在不同的外部光场频率条件下,量子点处于不同能级区域,在适当的共振条件下,电子可以通过吸收一个或多个光子并隧穿到更高的能量状态,这种电输运性质被称为光辅助隧穿。光辅助隧穿被认为是表征量子点系统能谱和精确控制电子态的一种有效方法。

摩尔定律是 1965 年由美国英特尔(Intel)公司创始人之一戈登·摩尔提出来的,定律指出:集成电路芯片上所集成的电路的数目,每隔 18 个月就会翻一番。40

多年来,摩尔定律都很好地预测了半导体芯片的集成化发展趋势。随着现代信息技术的发展,硅片上线路密度不断增加,其差错率和复杂性也呈指数增长。一旦芯片上线条的尺度缩小到纳米数量级时,材料的物理性能将发生质的改变,并导致传统工艺制造出来的半导体器件无法正常工作,这也意味着摩尔定律就要走到尽头了。而现如今电子设备和电子器件仍在向更快速、更准确、高集成和低价格方向发展。如何研制出新的更小尺度的电子器件以满足人们对信息处理的需求和维持摩尔定律成了当今电子技术领域的一个重大研究问题。

纳米技术的兴起让电子制造业看到了方向,目前主流的 CPU 制造工艺已经达到了 7～14 nm,AMD 三代锐龙已经全面采用 7 nm 工艺,Inter i9 也已全面采用 14 nm 工艺,而在实验室里研发制造的 CPU 也已经达到 4 nm 甚至更小的尺寸。微加工技术使得电路内能够集成更多的晶体管,即增加了 CPU 的功能,也提高了其性能。同时,对于更小的电子器件,所用材料就更少,在之前相同的材料上可以制造出更多的电子器件,直接降低了产品成本,从而降低售价使消费者受益。

量子点电输运性质研究为设计研发新原理器件打开了大门,在未来的纳米电子学、光电子学、量子计算和新一代超大规模集成电路等方面有着极其重要的应用前景。在实验中,量子点的尺寸大小、数目和形状等特性是可以通过调节栅极电压的大小来调控的。且在电输运体系中,量子点与电极之间的耦合强度也可以人工调控,量子点的这种易操控性为人们研究介观电子器件提供了现实基础和技术支持。对于电子的输运以及介观电子器件的集成,单个量子点作用是不够的,因此必将涉及多量子点之间的耦合,也就是需要多个量子点耦合才能研究量子点体系的电输运性质。产品的研制需要实验研究的技术支持,而实验研究需要理论给出研究方向、物理原理和依据。同时理论揭示了介观体系电子输运的普遍规律,有力地促进了纳米电子学的发展。因此,对耦合量子点体系电输运性质开展理论研究非常具有现实意义和理论价值。

随着耦合量子点体系电子输运性质的深入研究,在光场作用下对量子点体系的电子输运性质的研究也逐渐吸引了大量科研人员的目光。当光场照射量子点体系时,体系内的输运电子会与外场的光子发生相互作用,电子会吸收或释放出光子,交换分立的能量 $\hbar\omega$,使电子达到一个前所未有的能量状态,由此影响量子点体系电子输运的性质。在光场作用于量子点体系时,我们还可以改变光场的频率和振幅对体系的电子输运进行人为影响,使电子输运产生新的物理性质。在光辅助电输运性质的研究中,人们还发现了许多具有潜在应用价值的物理现象,如旁带效应、光子泵效应等,为研制新的介观器件提供了理论参考,因此对量子点体系光辅助电子输运性质的研究非常具有实用价值。

当耦合半导体量子点体系与外部光场相互作用时,在不同的含时外场频率的条件下,输运电子会与光子相互作用,通过吸收或发射光子来改变系统本征能级,从而改变电子输运性质。如光子辅助隧穿、旁带现象以及相干传输效应等。近年来,通过对耦合量子点体系光辅助电子传输特性的研究,科学家们在理论和实验方面均取得了一些显著的成果。

回顾光辅助隧穿的研究历史,交流驱动隧穿的第一次实验可以追溯到 20 世纪 60 年代初,当时 Dayem 和 Martin 首次研究了超导体-绝缘体-超导体混合结构中的光子辅助隧穿[20]。在那之后不久,Tien 和 Gordon 在 Dayem 和 Martin 对超导-绝缘-超导隧道结进行微波实验研究的基础上,提出了一个全新的理论模型,该模型是根据侧带引入的,包含了光子辅助隧穿的主要物理成分——光子。在过去的几十年里,这个基于巴丁哈密顿量的 Tien-Gordon 模型,已经证明在描述交流驱动纳米结构中的定性电子输运方面是非常成功的[21]。Kouwenhoven 等对半导体 GaAs/AlGaAs 量子点在频率可调的含时外场中的直流输运进行研究,发现其电子输运特性与光子能量有关的特征,即其栅极电压中系统能级的位置随含时外场频率呈线性变化,而与含时外场振幅无关。测量结果有效地证明了介观区域中存在光子辅助隧穿效应[22]。Blick 等研究了高频微波辐射对单电子隧穿量子点的影响,发现当量子点在 155 GHz 的微波辐射下,额外的共振被吸引到量子点的光子辅助隧穿,为光子辅助传输用于量子点的光谱分析提供了依据,进一步证明了在微波频率范围内利用量子点作为灵敏、频率选择性探测器的可行性[23]。Pedersen 和 Büttiker 提出了一种光子辅助电子输运理论,它对电流的所有傅里叶分量都是电荷和电流守恒的,并发现光电流可被看作是与位移电流相关的谐波电位的上下转换。对栅极施加交流电场的研究结果证明了导带的相对权重随系统的屏蔽特性而变化。与非相互作用情况相比,相对权重不是由贝塞尔函数确定的。此外,相互作用会导致吸收峰和发射峰之间的不对称。在接触驱动情况下,理论预测零偏压电流与双势垒的不对称性呈正比[24]。Stafford 和 Wingreen 利用 Keldysh 非平衡格林函数技术,精确计算了在交直流电压任意组合下通过双量子点的完全非线性电流的时间平均值。由于共振光子辅助隧穿效应,该系统被认为是一个电子泵,能够以接近单位的效率向上传输电子。当与引线的耦合等于 Rabi 频率时,泵电流最大。电流中的共振因与储层的耦合而变宽,因此,附加能量轨道的存在仅对均匀背景有贡献。而这些结果也适用于可忽略界面散射的双量子阱的输运[25]。

在国内也有众多学者对量子点体系光辅助电子传输性质进行研究。Zhao 研究了多端介观系统的相干输运,分析表明,共振峰的位置可由含时外场的频率来进行控制,并且通过调控光场的频率可以改变主谐振峰[26]。Wang 等研究了三个量子点串联的结构。利用分裂门可以方便地调节每个点的电子数和它们之间的隧穿耦合。不对称地调整量子点阵列,使得右量子点和中心量子点之间的隧道耦合比左量子点和中心量子点之间的隧道耦合大得多。在微波驱动下,光子辅助隧穿过程的旁带不仅出现在从左到中心的点跃迁区,而且出现在从左到右的点跃迁区。这些旁带都归因于不对称耦合的从左到中心的跃迁。结果发现,用二维电荷稳定图研究三量子点结构时,存在一个不明显的区域,这将有助于进一步研究量子点体系的可伸缩性[27]。Tang 从理论上研究了交流电场对三个量子点系统量子输运特性的影响,通过简单地改变点间耦合强度和交流电场频率,可以精确地控制与自旋相关平均电流的大小和光子辅助隧穿峰的位置;并观察到一种新的光子辅助隧穿峰和一种可以由点间耦合产生和控制的多重光子辅助隧穿效应;并发现 Rashba 自旋轨道耦合和磁通诱导的相因子量的联合效应可以很好地控制自旋占据数和自旋积累[28]。Xie 等通过对串联耦合三量子点结构的计算,研究了交流电场驱动下系统的电子输运性质。对于非对称配置,由于左/右量子点和中间量子点之间的共振光子诱导混合,电流交流频率曲线中存在对称峰。在对称配置中,电流频率曲线中出现 Fano 非对称型,为 Fano 共振提供了一个清晰的物理图像,并给出了调整 Fano 效应的方便方法[29]。

总之,人们在耦合量子点体系光磁光电输运性质研究中,已经发现了许多新奇的且有意义的输运特性。

第 2 章　量子点-"量子点分子"AB 干涉仪的电荷及自旋输运

　　由于两个或三个量子点能够耦合而形成"人造分子",因此对其进行研究能够呈现出更丰富的输运现象。关于量子干涉和自旋输运性质的理论研究已经在平行和 T 型几何结构中被研究过。让人尤为感兴趣的是量子点分子在量子器件中具有潜在的应用价值。最近几年,三量子点结构也已经引起了一些研究团体的关注。在平行双量子点 AB 干涉仪结构中,如果其中一个量子点用一个双量子点分子替换(图2.1),则构成一个简单的三量子点构型。我们也把这种结构称为量子点-"量子点分子"AB 干涉仪。调制"量子点分子"中两量子点之间耦合强度以及它们的结构参数,可以获得不同的量子点分子能级分布,从而使得体系的电荷及自旋输运呈现出不同于简单平行双量子点体系的新的输运特性。并且当考虑 Rashba 自旋轨道相互作用时,关于体系的输运性质理论研究尚未见到有文献报道。

　　众所周知,一个电子有两个自旋态,有关自旋电子学的研究在最近十年进展迅速。在自旋电子学里面一个主要问题是如何设计自旋过滤器。自旋过滤器能够被用来挑选一个明确极化的电子,具有一定的实际应用价值。Rashba 自旋轨道相互作用在本质上是外电场对一个移动的自旋的影响,因此它提供了一种电自旋控制方法。许多实验和理论工作指出,通过调节外电场或门电压,自旋极化率能够达到 100%[30]。

　　此外,量子点体系中共振和反共振总是人们十分关注的研究内容。例如,有关一个或几个量子点侧面耦合一个主导电路的理论工作指出:当量子点的本征能级与费米能级保持一致时,共振就能出现在电导能谱中[31]。而关于反共振常常被人们解释为通过不同路径时引起的电子分波的量子相消干涉。公卫江等发现在电导能谱的反共振点附近可以形成一个绝缘带,并且在不同的量子点结构中基于反共振提出了一些可能的器件应用[32]。

　　在本章中,将考虑外磁场、Rashba 自旋轨道相互作用和点内库仑相互作用,利用非平衡格林函数技术,开展对量子点-"量子点分子"AB 干涉仪的电荷及自旋输运性质的研究。

2.1　量子点-"量子点分子"AB 干涉仪理论模型

如图 2.1 所示,量子点-"量子点分子"AB 干涉仪,其中"量子点分子"中仅量子点 2 与左右两个电极耦合。

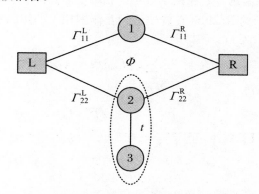

图 2.1　量子点-"量子点分子"AB 干涉仪示意图

整个体系能够由下面的哈密顿量来描述:

$$H_{\text{total}} = H_{\text{lead}} + H_{\text{dots}} + H_{\text{T}} \tag{2.1}$$

方程(2.1)右边第一项 H_{lead} 描述了在无相互作用准粒子近似下两个电极的贡献:

$$H_{\text{lead}} = \sum_{k,\sigma} \sum_{\beta = \text{L,R}} \varepsilon_{k\beta} C^+_{k\beta\sigma} C_{k\beta\sigma} \tag{2.2}$$

式中,k 为电极中电子波矢;$\varepsilon_{k\beta}$ 为电极 β 中波矢为 k 的电子能级;$\sigma(\sigma = \uparrow, \downarrow)$ 为电子的自旋;$C^+_{k\beta\sigma}$($C_{k\beta\sigma}$)为电极 β 中波矢为 k 自旋为 σ 的电子产生(湮灭)算符。

方程(2.1)右边第二项描述三量子点体系,

$$H_{\text{dots}} = \sum_{i\sigma} \varepsilon_{i\sigma} d^+_{i\sigma} d_{i\sigma} - \sum_{\sigma} (t d^+_{2\sigma} d_{3\sigma} + \text{H.c.}) + \sum_{i} U_i d^+_{i\uparrow} d_{i\uparrow} d^+_{i\downarrow} d_{i\downarrow} \tag{2.3}$$

式中,$d^+_{i\sigma}$($d_{i\sigma}$)为量子点 i($i = 1, 2, 3$)中自旋为 σ 的电子产生(湮灭)算符;$\varepsilon_{i\sigma}$ 为量子点 i 中自旋为 σ 的电子能级;t 为量子点 2 与点 3 之间的电子隧穿耦合强度;U_i 为量子点 i 中电子之间库仑相互作用;H.c. 为前面所有算符的复共轭。

在方程(2.1)中右边最后一项 H_{T} 描述了量子点与电极之间的电子隧穿:

$$H_{\text{T}} = \sum_{i \neq 3} \sum_{k,\sigma} \sum_{\beta = \text{L,R}} (t_{\beta i\sigma} C^+_{k\beta\sigma} d_{i\sigma} + \text{H.c.}) \tag{2.4}$$

这里,$t_{\beta i\sigma}$ 描述了点-电极隧穿耦合,它被假定与 k 无关。根据文献[33]知,Rashba 自旋轨道相互作用能够导致:① 在隧穿矩阵中出现与自旋相关的额外的相位因子 $\sigma\varphi_{\text{R}}$;② 电子在不同能级间的自旋翻转跃迁。假定每个量子点仅有一个能级,且仅仅效应①被考虑。如果 Rashba 自旋轨道相互作用存在于量子点 1 和点 2 里,则点-电极隧穿耦合强度 $t_{\beta i\sigma}$ 具有下面的形式：

$$t_{L1\sigma} = |t_{L1}| e^{i\varphi/4} e^{-i\sigma\varphi_{R1}/2} \qquad (2.5a)$$

$$t_{L2\sigma} = |t_{L2}| e^{-i\varphi/4} e^{-i\sigma\varphi_{R2}/2} \qquad (2.5b)$$

$$t_{R1\sigma} = |t_{R1}| e^{-i\varphi/4} e^{i\sigma\varphi_{R1}/2} \qquad (2.5c)$$

$$t_{R2\sigma} = |t_{R2}| e^{i\varphi/4} e^{i\sigma\varphi_{R2}/2} \qquad (2.5d)$$

这里，φ 是磁通诱导的相因子，且有 $\varphi = 2\pi\Phi/\Phi_0$，$\Phi$ 为穿过系统的磁通诱导的相因子量，$\Phi_0 = h/e$ 是磁通诱导的相因子量子。相因子 φ_{R1} 和 φ_{R2} 分别表示在量子点 1 和量子点 2 中与电子的 Rashba 自旋轨道相互作用相关的相因子。

定义一个线宽矩阵元

$$\Gamma^{\beta}_{ij\sigma} = 2\pi \sum_k t_{\beta i\sigma} t^*_{\beta j\sigma} \delta(\varepsilon - \varepsilon_{k\beta}) \qquad (2.6)$$

并且矩阵 $\boldsymbol{\Gamma}^{\beta}_{\sigma}$ 能够写成

$$\boldsymbol{\Gamma}^{L}_{\sigma} = \begin{pmatrix} \Gamma^{L}_1 & \sqrt{\Gamma^{L}_1 \Gamma^{L}_2} e^{i\varphi_\sigma/2} & 0 \\ \sqrt{\Gamma^{L}_1 \Gamma^{L}_2} e^{-i\varphi_\sigma/2} & \Gamma^{L}_2 & 0 \\ 0 & 0 & 0 \end{pmatrix} \qquad (2.7a)$$

和

$$\boldsymbol{\Gamma}^{R}_{\sigma} = \begin{pmatrix} \Gamma^{R}_1 & \sqrt{\Gamma^{R}_1 \Gamma^{R}_2} e^{-i\varphi_\sigma/2} & 0 \\ \sqrt{\Gamma^{R}_1 \Gamma^{R}_2} e^{i\varphi_\sigma/2} & \Gamma^{R}_2 & 0 \\ 0 & 0 & 0 \end{pmatrix} \qquad (2.7b)$$

这里，Γ^{β}_i 是 $\Gamma^{\beta}_{ii}(i = 1,2)$ 的简化形式，与自旋相关的相因子 $\varphi_\sigma = \varphi - \sigma\Delta\varphi_R$，其中 $\Delta\varphi_R = \varphi_{R1} - \varphi_{R2}$。

通过体系的电流可表示为

$$J_{\beta\sigma} = -\frac{e}{h} \int \frac{d\varepsilon}{2\pi} \mathrm{ImTr}\left[\boldsymbol{\Gamma}^{\beta}_{\sigma}(2f_\beta \boldsymbol{G}^r_\sigma(\varepsilon) + \boldsymbol{G}^{<}_\sigma(\varepsilon)) \right] \qquad (2.8)$$

这里，$f_\beta(\varepsilon) = [e^{(\varepsilon - \mu_\beta)/k_B T} + 1]^{-1}$ 为电极 β 中电子费米分布函数，u_β 是相应的化学势。

推迟格林函数 $\boldsymbol{G}^r_\sigma(\varepsilon)$ 和"小于"格林函数 $\boldsymbol{G}^{<}_\sigma(\varepsilon)$ 分别是含时格林函数 $\boldsymbol{G}^r_\sigma(t)$ 和 $\boldsymbol{G}^{<}_\sigma(t)$ 的傅里叶变换后的形式，其矩阵元分别被定义为

$$G^r_{ij\sigma}(t) = -i\theta(t)\langle\{d_{i\sigma}(t), d^+_{j\sigma}\}\rangle \qquad (2.9)$$

$$G^{<}_{ij\sigma}(t) = i\theta(t)\langle d^+_{j\sigma} d_{i\sigma}(t)\rangle \qquad (2.10)$$

其中，$i,j = 1,2,3$。格林函数 $G^{r(<)}_{ij\sigma}(\varepsilon)$ 在傅里叶空间也常常被写为 $\langle\langle d_{i\sigma} | d^+_{j\sigma}\rangle\rangle^{r(<)}_\varepsilon$。

在(2.8)式中格林函数 $\boldsymbol{G}^r_\sigma(\varepsilon)$ 可以通过格林函数运动方程来求出，所得到的方程如下：

$$(\varepsilon - \varepsilon_{1\sigma})\langle\langle d_{1\sigma} | d^+_{1\sigma}\rangle\rangle^r_\varepsilon = 1 + \sum_{k,\beta} t_{\beta 1\sigma}^* \langle\langle C_{k\beta\sigma} | d^+_{1\sigma}\rangle\rangle^r_\varepsilon + U_1\langle\langle d_{1\sigma} n_{1\bar{\sigma}} | d^+_{1\sigma}\rangle\rangle^r_\varepsilon$$

$$(2.11)$$

$$(\varepsilon - \varepsilon_{2\sigma})\langle\langle d_{2\sigma} \mid d_{1\sigma}^+\rangle\rangle_\varepsilon^r = t\langle\langle d_{3\sigma} \mid d_{1\sigma}^+\rangle\rangle_\varepsilon^r + \sum_{k,\beta} t_{\beta 2\sigma}^* \langle\langle C_{k\beta\sigma} \mid d_{1\sigma}^+\rangle\rangle_\varepsilon^r$$
$$+ U_2\langle\langle d_{2\sigma}n_{2\bar\sigma} \mid d_{1\sigma}^+\rangle\rangle_\varepsilon^r \tag{2.12}$$

$$(\varepsilon - \varepsilon_{3\sigma})\langle\langle d_{3\sigma} \mid d_{1\sigma}^+\rangle\rangle_\varepsilon^r = t\langle\langle d_{2\sigma} \mid d_{1\sigma}^+\rangle\rangle_\varepsilon^r + U_3\langle\langle d_{3\sigma}n_{3\bar\sigma} \mid d_{1\sigma}^+\rangle\rangle_\varepsilon^r \tag{2.13}$$

$$(\varepsilon - \varepsilon_{2\sigma})\langle\langle d_{2\sigma} \mid d_{2\sigma}^+\rangle\rangle_\varepsilon^r = 1 + t\langle\langle d_{3\sigma} \mid d_{2\sigma}^+\rangle\rangle_\varepsilon^r + \sum_{k,\beta} t_{\beta 1\sigma}^* \langle\langle C_{k\beta\sigma} \mid d_{2\sigma}^+\rangle\rangle_\varepsilon^r$$
$$+ U_2\langle\langle d_{2\sigma}n_{2\bar\sigma} \mid d_{2\sigma}^+\rangle\rangle_\varepsilon^r \tag{2.14}$$

$$(\varepsilon - \varepsilon_{1\sigma})\langle\langle d_{1\sigma} \mid d_{2\sigma}^+\rangle\rangle_\varepsilon^r = \sum_{k,\beta} t_{\beta 1\sigma}^* \langle\langle C_{k\beta\sigma} \mid d_{2\sigma}^+\rangle\rangle_\varepsilon^r$$
$$+ U_1\langle\langle d_{1\sigma}n_{1\bar\sigma} \mid d_{2\sigma}^+\rangle\rangle_\varepsilon^r \tag{2.15}$$

$$(\varepsilon - \varepsilon_{3\sigma})\langle\langle d_{3\sigma} \mid d_{2\sigma}^+\rangle\rangle_\varepsilon^r = t\langle\langle d_{2\sigma} \mid d_{2\sigma}^+\rangle\rangle_\varepsilon^r + U_3\langle\langle d_{3\sigma}n_{3\bar\sigma} \mid d_{2\sigma}^+\rangle\rangle_\varepsilon^r \tag{2.16}$$

$$(\varepsilon - \varepsilon_{3\sigma})\langle\langle d_{3\sigma} \mid d_{3\sigma}^+\rangle\rangle_\varepsilon^r = 1 + t\langle\langle d_{2\sigma} \mid d_{3\sigma}^+\rangle\rangle_\varepsilon^r$$
$$+ U_3\langle\langle d_{3\sigma}n_{3\bar\sigma} \mid d_{3\sigma}^+\rangle\rangle_\varepsilon^r \tag{2.17}$$

$$(\varepsilon - \varepsilon_{1\sigma})\langle\langle d_{1\sigma} \mid d_{3\sigma}^+\rangle\rangle_\varepsilon^r = \sum_{k,\beta} t_{\beta 1\sigma}^* \langle\langle C_{k\beta\sigma} \mid d_{3\sigma}^+\rangle\rangle_\varepsilon^r$$
$$+ U_1\langle\langle d_{1\sigma}n_{1\bar\sigma} \mid d_{3\sigma}^+\rangle\rangle_\varepsilon^r \tag{2.18}$$

$$(\varepsilon - \varepsilon_{2\sigma})\langle\langle d_{2\sigma} \mid d_{3\sigma}^+\rangle\rangle_\varepsilon^r = \sum_{k,\beta} t_{\beta 2\sigma}^* \langle\langle C_{k\beta\sigma} \mid d_{3\sigma}^+\rangle\rangle_\varepsilon^r + t\langle\langle d_{2\sigma} \mid d_{3\sigma}^+\rangle\rangle_\varepsilon^r$$
$$+ U_2\langle\langle d_{2\sigma}n_{2\bar\sigma} \mid d_{3\sigma}^+\rangle\rangle_\varepsilon^r \tag{2.19}$$

其中

$$\langle\langle c_{k\beta\sigma} \mid d_{j\sigma}^+\rangle\rangle_\varepsilon^r = \sum_{i=1,2} \frac{t_{\beta i\sigma}\langle\langle d_{i\sigma} \mid d_{j\sigma}^+\rangle\rangle_\varepsilon^r}{\varepsilon - \varepsilon_{k\beta} + i0^+} \tag{2.20}$$

关于(2.11)式～(2.19)式中右侧出现的格林函数 $\langle\langle d_{i\sigma}n_{i\bar\sigma} \mid d_{j\sigma}^+\rangle\rangle_\varepsilon^r$，通常我们会采用 Hartree-Fock 截断近似：

$$\langle\langle d_{i\sigma}n_{i\bar\sigma} \mid d_{j\sigma}^+\rangle\rangle_\varepsilon^r \approx \langle n_{i\bar\sigma}\rangle\langle\langle d_{i\sigma} \mid d_{j\sigma}^+\rangle\rangle_\varepsilon^r \tag{2.21}$$

这里，第 i 个量子点中自旋为 $\bar\sigma$ 电子的平均占据数 $\langle n_{i\bar\sigma}\rangle$ 可由自洽计算求出：

$$\langle n_{i\bar\sigma}\rangle = - i\int \frac{d\varepsilon}{2\pi} G_{i\bar\sigma,i\bar\sigma}^<(\varepsilon) \tag{2.22}$$

因此，格林函数 $\boldsymbol{G}_\sigma^r(\varepsilon)$ 可以表示为

$$\boldsymbol{G}_\sigma^r(\varepsilon) = [1 - g_\sigma^r(\varepsilon)\boldsymbol{\Sigma}_\sigma^r]^{-1} g_\sigma^r(\varepsilon) \tag{2.23}$$

式中，$g_\sigma^r(\varepsilon)$ 为孤立量子点格林函数；$\boldsymbol{\Sigma}_\sigma^r$ 为推迟自能(源于量子点与电极的耦合)，其中，自能 $\boldsymbol{\Sigma}_\sigma^r$ 的矩阵元为

$$\Sigma_{ij\sigma}^r = \sum_{k\beta} \frac{t_{\beta i\sigma} t_{\beta j\sigma}^*}{\varepsilon - \varepsilon_{k\beta} + i0^+} \tag{2.24}$$

在宽带近似下，$\Gamma^\beta(\varepsilon)$ 为一个与能量无关的常数，因此有

$$\Sigma_{ij\sigma}^r \approx - \frac{i}{2}(\Gamma_{ij\sigma}^L + \Gamma_{ij\sigma}^R) = - \frac{i}{2}\Gamma_{ij\sigma} \tag{2.25}$$

在(2.8)式和(2.22)式中存在格林函数 $G_{ij\sigma}^<(\varepsilon)$，使用与推迟格林函数相同的截断近似，格林函数 $G_\sigma^<(\varepsilon)$ 能够简单地写成 Keldysh 的形式：

$$G_\sigma^<(\varepsilon) = G_\sigma^r(\varepsilon)\,\Sigma_\sigma^<\,G_\sigma^a(\varepsilon) \tag{2.26}$$

式中，超前格林函数 $G_\sigma^a(\varepsilon)$ 与推迟格林函数 $G_\sigma^r(\varepsilon)$ 是互为厄米共轭的，$\Sigma_\sigma^< = \mathrm{i}(f_L\Gamma_\sigma^L + f_R\Gamma_\sigma^R)$ 是"小于"自能。因此，格林函数能够通过迭代技术求解。

推迟格林函数 $G_\sigma^r(\varepsilon)$ 与超前格林函数 $G_\sigma^a(\varepsilon)$ 有如下关系式：

$$G_\sigma^r(\varepsilon) - G_\sigma^a(\varepsilon) = G_\sigma^r(\varepsilon)(\Sigma_\sigma^r - \Sigma_\sigma^a)G_\sigma^a(\varepsilon)$$
$$= -\mathrm{i}G_\sigma^r(\varepsilon)(\Gamma_\sigma^L + \Gamma_\sigma^R)G_\sigma^a(\varepsilon) \tag{2.27}$$

因此，电流表达式可以表示为

$$J_\sigma = \frac{e}{\hbar}\int\frac{\mathrm{d}\varepsilon}{2\pi}[f_L(\varepsilon) - f_R(\varepsilon)]\mathrm{Tr}[G_\sigma^a(\varepsilon)\Gamma_\sigma^R G_\sigma^r(\varepsilon)\Gamma_\sigma^L] \tag{2.28}$$

根据(2.28)式，在平衡态，体系的电导被定义为

$$G_\sigma(\mu) = \left.\frac{\partial J}{\partial V}\right|_{V\to 0} \tag{2.29}$$

在零温条件下，

$$G_\sigma(\varepsilon) = \frac{e^2}{h}\mathrm{Tr}[G_\sigma^a(\varepsilon)\Gamma_\sigma^R G_\sigma^r(\varepsilon)\Gamma_\sigma^L] \tag{2.30}$$

因此，体系的电导可以表示为如下具体的形式：

$$G_\sigma(\varepsilon) = \frac{e^2}{h}(T_1 + T_2 + T_3 + T_4) \tag{2.31}$$

其中

$$T_1 = (G_{11\sigma}^a(\varepsilon)\Gamma_{11\sigma}^R + G_{21\sigma}^a(\varepsilon)\Gamma_{21\sigma}^R)(G_{11\sigma}^r(\varepsilon)\Gamma_{11\sigma}^L + G_{12\sigma}^r(\varepsilon)\Gamma_{21\sigma}^L) \tag{2.32a}$$

$$T_2 = (G_{11\sigma}^a(\varepsilon)\Gamma_{12\sigma}^R + G_{21\sigma}^a(\varepsilon)\Gamma_{22\sigma}^R)(G_{21\sigma}^r(\varepsilon)\Gamma_{11\sigma}^L + G_{22\sigma}^r(\varepsilon)\Gamma_{21\sigma}^L) \tag{2.32b}$$

$$T_3 = (G_{12\sigma}^a(\varepsilon)\Gamma_{11\sigma}^R + G_{22\sigma}^a(\varepsilon)\Gamma_{21\sigma}^R)(G_{11\sigma}^r(\varepsilon)\Gamma_{12\sigma}^L + G_{12\sigma}^r(\varepsilon)\Gamma_{22\sigma}^L) \tag{2.32c}$$

$$T_4 = (G_{12\sigma}^a(\varepsilon)\Gamma_{12\sigma}^R + G_{22\sigma}^a(\varepsilon)\Gamma_{22\sigma}^R)(G_{21\sigma}^r(\varepsilon)\Gamma_{12\sigma}^L + G_{22\sigma}^r(\varepsilon)\Gamma_{22\sigma}^L) \tag{2.32d}$$

从上式可以看出，要想求出电导具体表达式，重点就是要求出格林函数 $G_{11\sigma}^{r(a)}(\varepsilon)$、$G_{12\sigma}^{r(a)}(\varepsilon)$、$G_{22\sigma}^{r(a)}(\varepsilon)$ 和 $G_{21\sigma}^{r(a)}(\varepsilon)$，利用(2.11)式~(2.19)式，当量子点与电极对称耦合时，即 $\Gamma_1^\beta = \Gamma_2^\beta = \Gamma(\beta\in L,R)$，有

$$G_{11\sigma}^r(\varepsilon) = (G_{11\sigma}^a(\varepsilon))^* = \frac{S_{2\sigma} + \mathrm{i}\Gamma - t^2/S_{3\sigma}}{(S_{1\sigma} + \mathrm{i}\Gamma)(S_{2\sigma} + \mathrm{i}\Gamma - t^2/S_{3\sigma}) - [\mathrm{i}\Gamma\cos(\varphi_\sigma/2)]^2} \tag{2.33a}$$

$$G_{12\sigma}^r(\varepsilon) = (G_{12\sigma}^a(\varepsilon))^* = \frac{-\mathrm{i}\Gamma\cos(\varphi_\sigma/2)}{(S_{1\sigma} + \mathrm{i}\Gamma)(S_{2\sigma} + \mathrm{i}\Gamma - t^2/S_{3\sigma}) - [\mathrm{i}\Gamma\cos(\varphi_\sigma/2)]^2} \tag{2.33b}$$

$$G^r_{22\sigma}(\varepsilon) = \left(G^a_{22\sigma}(\varepsilon)\right)^* = \frac{\varepsilon - \varepsilon_1 + i\Gamma}{(S_{1\sigma} + i\Gamma)(S_{2\sigma} + i\Gamma - t^2/S_{3\sigma}) - \left[i\Gamma\cos(\varphi_\sigma/2)\right]^2}$$

$$(2.33c)$$

$$G^r_{21\sigma}(\varepsilon) = \left(G^a_{21\sigma}(\varepsilon)\right)^* = \frac{-i\Gamma\cos(\varphi_\sigma/2)}{(S_{1\sigma} + i\Gamma)(S_{2\sigma} + i\Gamma - t^2/S_{3\sigma}) - \left[i\Gamma\cos(\varphi_\sigma/2)\right]^2}$$

$$(2.33d)$$

其中

$$S_{j\sigma} = \frac{(\varepsilon - \varepsilon_{j\sigma})(\varepsilon - \varepsilon_{j\sigma} - U_j)}{\varepsilon - \varepsilon_{j\sigma} - U_j + U_j\langle n_{j\bar\sigma}\rangle}$$

$$(2.34)$$

通过上面的分析,能够计算出线性电导的具体表达式:

$$G_\sigma(\varepsilon) = \frac{e^2}{h} \frac{S_{1\sigma}^2 + \left(S_{2\sigma} - \dfrac{t^2}{S_{3\sigma}^2}\right)\left(S_{2\sigma} - \dfrac{t^2}{S_{3\sigma}^2} + 2S_{1\sigma}\cos\varphi_\sigma\right)}{\left(S_{1\sigma}S_{2\sigma} - \dfrac{S_{1\sigma}}{S_{3\sigma}}t^2 - \Gamma^2\sin^2\dfrac{\varphi_\sigma}{2}\right)^2 + \Gamma^2\left(S_{1\sigma} + S_{2\sigma} - \dfrac{t^2}{S_{3\sigma}}\right)^2} \Gamma^2$$

$$(2.35)$$

2.2　基于 Rashba 自旋轨道相互作用的自旋极化

利用上面获得的方程,我们能够数值计算体系的基本输运特性。在具体数值计算中,把 Γ 作为能量单位。在下面的讨论中,三个量子点能级取相同数值 $\varepsilon_{1\sigma} = \varepsilon_{2\sigma} = \varepsilon_{3\sigma} = \varepsilon_0 = 0$。当 $U_1 = U_2 = U_3 = U = 0$ 时,线性电导的具体表达式为

$$G_\sigma(\varepsilon) = \frac{e^2}{h} \frac{\dfrac{\Gamma^2}{\varepsilon^2}\left\{\left[2\varepsilon\left(\varepsilon\cos\dfrac{\varphi_\sigma}{2}\right) - t^2\cos\dfrac{\varphi_\sigma}{2}\right]^2 + t^4\sin^2\dfrac{\varphi_\sigma}{2}\right\}}{\left(\varepsilon^2 - t^2 - \Gamma^2\sin^2\dfrac{\varphi_\sigma}{2}\right)^2 + 4\Gamma^2\left(\varepsilon - \dfrac{t^2}{2\varepsilon}\right)^2}$$

$$(2.36)$$

且具有下面的特性:

(1) 当 $\varphi_\sigma = 2k\pi$ 时,电导在能级 $\varepsilon = \pm\sqrt{2}t/2$ 处有两个电导凹陷且数值为零 ($G_\sigma = 0$)。

(2) 电导 G_σ 在能级 $\varepsilon = \pm(t^2 - \Gamma^2\sin^2\varphi_\sigma/2)^{1/2}$ 和 $\varepsilon = 0$ 处分别有三个完全共振峰(函数的最大值)。

注意:在性质(2)中,如果取 $t = \Gamma$ 且 $\varphi_\sigma = 4k\pi + \pi/2$(或者 $4k\pi + 3\pi/2$),能够得到 $\varepsilon = \pm(t^2 - \Gamma^2\sin^2\varphi_\sigma/2)^{1/2} = \pm\sqrt{2}t/2$,这与上面提到的性质(1)中两个电导凹陷的位置是一致的。

因此,当 φ 和 $\Delta\varphi_R$ 取一些特殊值时,能够实现 100% 自旋极化。下面通过一个具体的例子进行说明。当 $\varphi = \pi/4$ 且 $\Delta\varphi_R = \pi/4$ 时,其他相关参数为 $t = \Gamma = 1$,$\varepsilon_0 = 0$,如图 2.2 所示。对于自旋向上的电子有两个零值电导凹陷分别出现在能级

$\varepsilon = \pm\sqrt{2}\,t/2$ 位置处,然而对于自旋向下的电子有两个完全共振峰出现在相同的位置。根据这一点,能够在能级 $\varepsilon = \pm\sqrt{2}\,t/2$ 处获得 100% 自旋向下的自旋极化。如果取 $\varphi = \pi/4$ 和 $\Delta\varphi_R = -\pi/4$,如图 2.3 所示,相应的自旋向上和自旋向下电子的电导能谱将发生交换。此时,对于自旋向下的电子有两个零值电导凹陷分别出现在能级 $\varepsilon = \pm\sqrt{2}\,t/2$ 位置处,然而对于自旋向上的电子有两个完全共振峰出现在相同的位置。因此,能够在能级 $\varepsilon = \pm\sqrt{2}\,t/2$ 处获得 100% 自旋向上的自旋极化。经过以上的分析,通过调节相因子 φ 和 φ_R,每一种自旋部分的自旋极化能够被控制。根据这个性质,系统能够被用来设计成自旋过滤器。下面简单地讨论一下实验的可实现性。Rashba 自旋轨道相互作用相因子 φ_R 能够表示为 $\varphi_R = \alpha l_i m^*/\hbar^2$,其中,$\alpha$ 是 Rashba 自旋轨道相互作用强度,m^* 是电子有效质量,并且 l_i 是第 i 个量子点的长度。在量子点里控制 Rashba 自旋轨道相互作用强度是较困难的,但根据一些实验和理论[48-51]可知,Rashba 自旋轨道相互作用相因子 $\varphi_R = \pi/4$ 在目前的实验条件下是可以实现的。

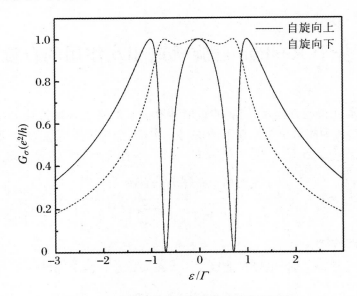

图 2.2　自旋相关的电导随电子能级的变化

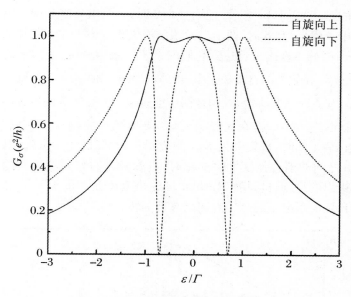

图 2.3 自旋相关的电导随电子能级的变化

下面,我们来讨论量子点 2 与量子点 3 之间的耦合是如何影响自旋极化的,图 2.4(a)和(b)分别给出了自旋向上和自旋向下电子的电导关于电子能级的函数关系曲线,相关参数为 $\Gamma=1$,$U=0$,$\varphi=\pi/4$ 和 $\Delta\varphi_R=\pi/4$。这里定义一个自旋极化率:$p=(G_\uparrow-G_\downarrow)/(G_\uparrow+G_\downarrow)$。图 2.5 则给出了自旋极化率关于电子能级的函数关系曲线。其中,图 2.4 与图 2.5 选取的体系结构参数是相同的。从研究中能够获得一些有意义的结果:① 当 $t=0$ 时,该体系变为平行双量子点 AB 干涉仪,图 2.4 中实线代表相应的电导能谱。在能级 $\varepsilon=0$ 位置处,自旋向上的电导 $G_\uparrow$ 达到了它的量子极限 e^2/h,但是与此同时自旋向下的电导 $G_\downarrow=0$。因此,我们能够在能级 $\varepsilon=0$ 位置处获得一个 100%的自旋向上的极化传输,如图 2.5 中实线所示,在能级 $\varepsilon=0$ 位置处自旋极化率 $p=1$。当 $t\neq0$ 时,在能级 $\varepsilon=0$ 位置处,自旋向上的电导 $G_\uparrow$ 和自旋向下的电导 $G_\downarrow$ 同时达到它们各自的量子极限,如图 2.4 中虚线、点线和点虚线所示。这意味着在能级 $\varepsilon=0$ 位置处电导是无极化的。正如图 2.5 中虚线、点线和点虚线所示,在能级 $\varepsilon=0$ 位置处自旋极化率 $p=0$。经过上面的分析可知,控制体系使 $t=0$ 或者 $t\neq0$,能够实现 100%极化($p=1$)和无极化($p=0$)之间的转变。根据这个原理,这种结构能够被用来设计实现极化脉冲器件。② 电导的演变强烈地依赖于量子点 2 与量子点 3 之间的耦合强度。对于自旋向上的电子,当 $t\neq0$ 时,三个共振峰和两个零值电导凹陷出现在电导能谱中。随着耦合强度 t 的增加,相邻的共振峰之间的距离和两个零值电导凹陷之间的距离均随之增大。能够发现在电导能谱中两个零值电导凹陷分别出现在能级 $\varepsilon=\pm\sqrt{2}t/2$ 的位置。这与上面提到的性质①是一致的。然而,对于自旋向下的电子来说,电导峰的改变是复杂的,如图 2.4(b)所示。当 $t=0.2$ 时,三个电导峰和两个电导凹陷出现在电导能谱中。当 $t=0.8$ 时,两个电导凹陷消失伴随着一个共振带形成。当 $t=1.2$ 时,三个共振峰再次出现且达到它们的量子极限。最后,我们来关注图 2.5 中能级 $\varepsilon = \pm\sqrt{2}t/2$ 位置处的自旋极化率 p。举个例子,如果 $t=1.2$,则有 $\varepsilon = \pm\sqrt{2}t/2 = \pm 3\sqrt{2}/5$。为了看得更清楚,我们在图中能级 $\varepsilon = \pm 3\sqrt{2}/5$ 的位置画一条竖直短虚线,可以看到,当 $t=0$ 时,在能级 $\varepsilon = \pm 3\sqrt{2}/5$ 的位置,自旋极化率 p 是一个正的有限值;当 $t=1.2$ 时,自旋极化率 p 变成了 -100% 极化。也就是说,当量子点 2 与量子点 3 之间的耦合强度发生变化时,自旋极化的方向能够被翻转且大小被改变。需要指出的是,通过设置 Rashba 自旋轨道相互作用相因子 $\Delta\varphi_R = -\pi/4$,自旋向上和自旋向下电子的自旋方向能够被翻转。

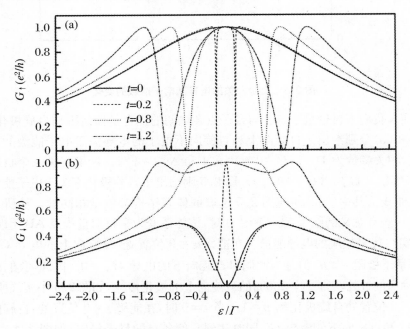

图 2.4　自旋相关的电导 G_σ 随电子能级的变化

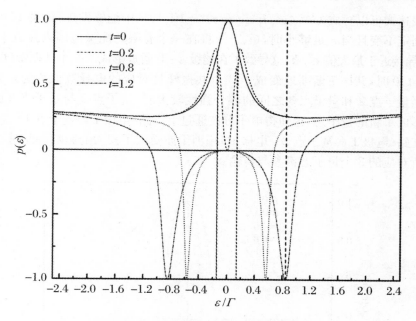

图 2.5　自旋极化率 p 随电子能级的变化

2.3　共振带与反共振带

共振带和反共振带一直以来就是人们研究的热点。当考虑自旋传输时,共振带与反共振带能够实现自旋极化;因此,下面将把共振带和反共振带作为主要研究内容。为了能够更加清楚地分析共振带形成的原因,暂不考虑点内库仑相互作用。相关参数选取为 $\Gamma=1$, $U=0$, $\Delta\varphi_R=0$。首先研究磁通诱导的相因子 $\varphi=\pi$ 时量子点 2 与量子点 3 之间的耦合强度对电导的影响。图 2.6(a)给出了量子点 2 与量子点 3 之间的耦合强度 $t<1.0$ 时的情况。为了对比,图 2.6(a)中实线给出了平行双量子点体系的电导能谱,此时 $t=0$。能够发现电导能谱为零传输,这是电子分波通过上支路(电极 L—量子点 1—电极 R)和下支路(电极 L—量子点 2—电极 R)相消干涉的结果。当 $t=0.1$ 时,一个尖锐的共振峰出现在能级 $\varepsilon=0$ 处。人们能够发现这个尖锐共振峰的宽度随着 t($t<1.0$)的增强而变宽。我们考虑此时量子点 2 与量子点 3 之间的耦合对相消干涉有一个微弱的影响。这个共振峰出现的原因是一个电子分波能够通过路径(电极 L—量子点 2—量子点 3—量子点 2—电极 R)到达右电极。图 2.6(b)给出了量子点 2 与量子点 3 之间的耦合强度 $t\geqslant1.0$ 时的情况。当 $t=1.0$ 时,如图 2.6(b)中实线所示,一个共振带形成。从电导表达式能够分析出:当 Γ 和 t 取相同数值时,共振带总能够形成。当 $\Gamma=t$ 时,体系线性电

导的表达式可以写成 $G = (e^2/h)[(\varepsilon/t)^6 + 1]^{-1}$，从中能够发现：如果 $t(=\Gamma)$ 的数值固定不变且当 ε 足够小时，$(\varepsilon/t)^6$ 将在一个有限的能量范围内接近于零，因此，电导接近于最大值 e^2/h，这导致了在能级 $\varepsilon = 0$ 附近形成了一个共振带（$G = 1$）。当 $t > 1.0$ 时，共振带渐渐地变成了 3 个共振峰且对应的电导数值均为函数最大值。当量子点 2 和量子点 3 之间的耦合强度较大时，量子点 2 与量子点 3 的耦合导致形成了新的量子态，这使得电子分波通过上支路（电极 L—量子点 1—电极 R）和下支路（电极 L—量子点 2—电极 R）相消干涉受到了较大的影响。此时，3 个量子点所对应的 3 个量子态都参与传输。

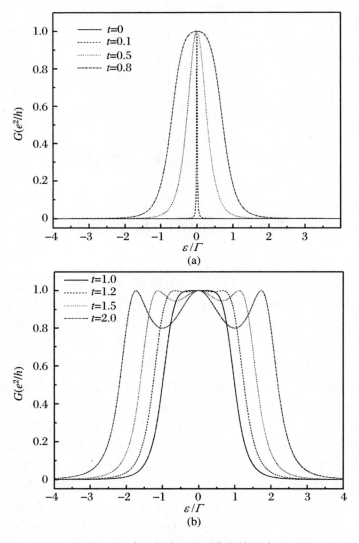

图 2.6　点间耦合强度对电导的影响

多体效应能够使量子点体系出现奇特输运性质。因此,我们来分析点内库仑相互作用对共振带及反共振带的影响。相关参数选取为 $t = \Gamma = 1$,$\varepsilon_0 = 0$,$\varphi = \pi$。图 2.7 给出了点内库仑相互作用取不同数值时电导随电子能级变化的能谱,其中 Rashba 自旋轨道相互作用相因子 $\Delta\varphi_R = 0$,这意味着自旋向上和自旋向下电子的能级是简并的。从图 2.7 中能够发现不管 U 如何改变,电导能谱中总是有一个反共振带出现。电导能谱也展示了在以能级 ε_0 和 $\varepsilon_0 + U$ 为中心的位置分别有两个共振带形成。这是由于点内库仑相互作用而导致的。人们能够清楚地发现这两个共振带是相似的,这是由于量子点能级已经被取为相同数值所导致的。同时,反共振带的宽度随着点内库仑相互作用的增强而变宽,而共振带的宽度基本没有改变。

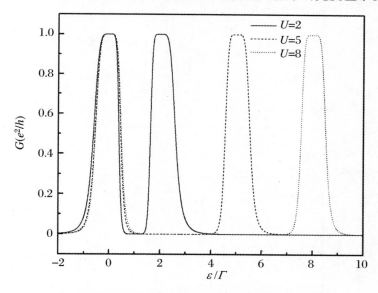

图 2.7　点内库仑相互作用对共振带和反共振带的影响

上面我们对共振带和反共振带形成的原因进行了分析,在此基础上来研究基于 Rashba 自旋轨道相互作用且考虑点内库仑相互作用时体系的自旋传输。图 2.8 给出了在两个不同 U 值情况下,电导随电子能级的变化,相关参数为:$t = \Gamma = 1$,$\varphi = \pi/2$ 和 $\Delta\varphi_R = -\pi/2$。其中考虑了 Rashba 自旋轨道相互作用,此时自旋向上和自旋向下电子的能级不再是简并的,因此能够产生自旋极化。在点内电子间库仑相互作用下,电导被分成两组,如图 2.8(a) 和 (b) 所示。图 2.8(a) 给出了 $U = 2.0$ 情况下的电导,对于自旋向上的电子来说,由于点内库仑相互作用,两个共振带被一个库仑能隙分开。然而在库仑能隙中除了 $\varepsilon = U/2$ 的位置,自旋向下电子的电导总是非零的。这意味着在库仑能隙所在的区域,除了 $\varepsilon = U/2$ 的位置以外能够实现自旋向下的 100% 自旋极化。图 2.8(b) 给出了 $U = 5.0$ 情况下的电导。与图 2.8(a) 所示电导能谱相比较,两种自旋部分电子的电导线形并没有发生变化,但能够清楚地发现随着点内库仑相互作用 U 的增强,库仑能隙的宽度变宽。这意味着随着点内库仑相互作用的增强能够在一个更大的电子能量范围内实现自旋向下的100%自旋极化。应该指出：通过设置 $\Delta\varphi_R = \pi/2$，自旋向上和自旋向下电子的自旋方向能够被翻转，从而能够实现自旋向上的100%自旋极化。

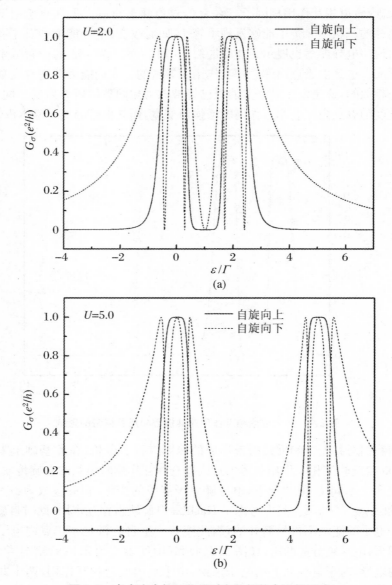

图2.8 点内库仑相互作用对自旋相关电导的影响

本 章 小 结

　　本章主要介绍了量子点-"量子点分子"AB 干涉仪结构的自旋输运。利用非平衡格林函数,采用迭代技术获得了此体系考虑点内电子间存在库仑相互作用情况下线性电导的具体表达式。理论分析表明:在特定能级位置处自旋向上(下)电子的电导呈现零(最大值)或最大值(零),从而实现 100% 自旋极化。此体系能够作为一个有效自旋过滤器。数值结果表明:① 通过控制"量子点分子"中两量子点间有或无耦合,在合适参数条件下能够实现 100% 极化和无极化之间的转变,这能够被用来设计成极化脉冲器件。通过调节"量子点分子"中两量子点间耦合强度的大小,自旋极化的方向能够被翻转且大小能够被改变。② 通过调整"量子点分子"中两量子点间耦合强度,在电导能谱中能够观察到从一个峰到三个峰的转变。当点间耦合强度和点-电极耦合强度取相同数值时,共振带形成。点内库仑相互作用的考虑使得耦合量子点体系自旋输运出现新的自旋过滤方式。随着点内库仑相互作用的增加,能够在更大的电子能量范围内实现 100% 自旋极化。这里我们假设的器件能够通过现在的工艺来实现。希望这些结果对于未来的器件设计和量子计算有一定作用。

第 3 章 耦合三量子点 AB 干涉仪的电荷输运

量子点的物理性质给出了在原子、核及凝聚态物理等量子体系中许多相似的性质。量子点是一个理想的人造介观结构,同时由于参数易于调控,能够被人们用于研究各种重要电荷输运现象,例如,库仑阻塞[34]、量子干涉[35]、Fano 效应[36] 和近藤效应[37] 等。

带有一个或两个量子点的 AB 干涉仪等各种介观量子结构与器件已经被设计用作量子信息应用、量子分子效应的基础研究和纳米自旋电子学功能性的开发,并且发现了一些新的量子效应。例如,在平行耦合双量子点体系电导率随量子点能级变化的电导能谱中,位于成键与反键态能级位置的共振峰能够通过调整点-电极耦合强度以及通过电子分波路径形成的闭合环路的磁通诱导的相因子来进行调控,这对于器件的设计和量子计算来说是有重要意义的[38]。Ladron de Guevara 等[14]在研究耦合双量子点 AB 干涉仪的电导时发现:电导能谱能够被看作由一个位于成键态的 Breit-Winger 共振峰和一个位于反键态的 Fano 共振峰组成。当模型结构完全对称时 Fano 共振峰消失,以至于仅仅成键态参与传输。自那以后,人们研究了用点-电极耦合强度、外磁通诱导的相因子和耦合双量子点 AB 干涉仪中两个子环之间的磁通诱导的相因子差来控制 Fano 效应[39]。因此可以说耦合双量子点 AB 干涉仪展示出了许多重要的物理现象。现在,人们开始致力于对耦合三量子点 AB 干涉仪电荷输运性质进行研究,可以预见耦合三量子点 AB 干涉仪将向人们展示出比耦合双量子点 AB 干涉仪更多、更丰富的物理现象。值得关注的是,在耦合三量子点 AB 干涉仪电荷输运性质的相关研究中,人们往往为了简化而忽略点内库仑相互作用。本章将重点研究点内库仑相互作用对 Fano 峰及共振峰等电导特性的影响。

本章的方程是基于 Jauho 建立的非平衡格林函数。这里,考虑了外磁通诱导的相因子和点内库仑相互作用。主要讨论了点内库仑相互作用、单量子点能级、外磁通诱导的相因子和点间耦合强度对电导的影响。外磁通诱导的相因子、单量子点能级和点内库仑相互作用之间的联合效应,使得我们在研究中获得了一些奇特和有趣的结果。

3.1　耦合三量子点 AB 干涉仪及其理论模型

由平行的三个耦合量子点组成的 AB 干涉仪如图 3.1 所示。量子点 1 和量子点 3 同时与电极 L 和 R 耦合,假定在每个量子点中电子只有一个自旋简并的能级。

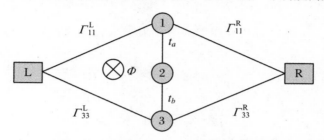

图 3.1　耦合三量子点 AB 干涉仪的示意图

整个体系能够由下面的哈密顿量来描述:

$$H_{total} = H_{lead} + H_{dots} + H_T \tag{3.1}$$

等式右边第一项 H_{lead} 描述了在无相互作用准粒子近似下两个电极的贡献:

$$H_{lead} = \sum_{k,\sigma} \sum_{\beta=L,R} \varepsilon_{k\beta} C^+_{k\beta\sigma} C_{k\beta\sigma} \tag{3.2}$$

式中,k 为电极中电子波矢;$\varepsilon_{k\beta}$ 为电极 β 中波矢为 k 的电子能级;$\sigma(\sigma = \uparrow, \downarrow)$ 为电子的自旋;$C^+_{k\beta\sigma}(C_{k\beta\sigma})$ 为电极 β 中波矢为 k 自旋为 σ 的电子产生(湮灭)算符。

方程(3.1)右边第二项描述三量子点体系的贡献:

$$H_{dots} = \sum_{j\sigma} \varepsilon_{j\sigma} d^+_{j\sigma} d_{j\sigma} + \sum_j U_j d^+_{j\uparrow} d_{j\uparrow} d^+_{j\downarrow} d_{j\downarrow} - \sum_\sigma (t_a d^+_{1\sigma} d_{2\sigma} + t_b d^+_{2\sigma} d_{3\sigma} + H.c.) \tag{3.3}$$

式中,$d^+_{j\sigma}(d_{j\sigma})$ 为量子点 $j(j=1,2,3)$ 中自旋为 σ 的电子产生(湮灭)算符;$\varepsilon_{j\sigma}$ 为量子点 j 中自旋为 σ 的电子能级;$t_a(t_b)$ 为量子点 1(2) 和 2(3) 之间的隧穿耦合强度;U_j 为量子点 j 中点内电子之间库仑相互作用;H.c. 为前面所有算符的复共轭。

在方程(3.1)中最后一项 H_T 描述了电极和量子点之间的电子隧穿:

$$H_T = \sum_{j\neq 2} \sum_{k,\sigma} \sum_{\beta=L,R} (t_{\beta j\sigma} C^+_{k\beta\sigma} d_{j\sigma} + H.c.) \tag{3.4}$$

这里,$t_{\beta j\sigma}$ 描述了点-电极隧穿耦合,它被假定是与 k 无关的。为了简化,$t_{\beta j\sigma}$ 具有下面的形式:

$$t_{L1\sigma} = |t_{L1}| e^{i\varphi/4} \tag{3.5a}$$

$$t_{L2\sigma} = |t_{L2}| \tag{3.5b}$$

$$t_{L3\sigma} = |t_{L3}| e^{-i\varphi/4} \tag{3.5c}$$

$$t_{R1\sigma} = |t_{R1}| e^{-i\varphi/4} \tag{3.5d}$$

$$t_{R2\sigma} = |t_{R2}| \tag{3.5e}$$

$$t_{R3\sigma} = |t_{R3}| e^{i\varphi/4} \tag{3.5f}$$

这里，φ 是磁通诱导的相因子。在下面的计算里，定义一个线宽矩阵元：$\Gamma_{ij\sigma}^{\beta} = 2\pi \sum_k t_{\beta i\sigma} t_{\beta j\sigma}^* \delta(\varepsilon - \varepsilon_{k\beta})$，那么矩阵 $\boldsymbol{\Gamma}^{\beta}$ 就能够被写成如下的形式：

$$\boldsymbol{\Gamma}_{\sigma}^{L} = \begin{pmatrix} \Gamma_1^L & 0 & \sqrt{\Gamma_1^L \Gamma_3^L} e^{i\varphi/2} \\ 0 & 0 & 0 \\ \sqrt{\Gamma_1^L \Gamma_3^L} e^{-i\varphi/2} & 0 & \Gamma_3^L \end{pmatrix} \tag{3.6a}$$

和

$$\boldsymbol{\Gamma}_{\sigma}^{R} = \begin{pmatrix} \Gamma_1^R & 0 & \sqrt{\Gamma_1^R \Gamma_3^R} e^{-i\varphi/2} \\ 0 & 0 & 0 \\ \sqrt{\Gamma_1^R \Gamma_3^R} e^{i\varphi/2} & 0 & \Gamma_3^R \end{pmatrix} \tag{3.6b}$$

这里，Γ_j^{β} 是 $\Gamma_{jj}^{\beta}(j=1,3)$ 的简化形式。

为了描述体系的非平衡态，我们引入推迟、超前和"小于"格林函数：

$$G_{AB}^r(t,t') = \langle\langle A(t), B(t')\rangle\rangle^r = -i\theta(t-t')\langle[A(t), B(t')]_+\rangle \tag{3.7}$$

$$G_{AB}^a(t,t') = \langle\langle A(t), B(t')\rangle\rangle^a = i\theta(t'-t)\langle[A(t), B(t')]_+\rangle \tag{3.8}$$

$$G_{AB}^<(t,t') = \langle\langle A(t), B(t')\rangle\rangle^< = i\langle B(t')A(t)\rangle \tag{3.9}$$

我们的计算是限于稳态的，这里格林函数仅依赖于 $\Delta t = t - t'$。对 $\langle\langle A(t-t'), B(0)\rangle\rangle$ 做关于 $t-t'$ 的傅里叶转变，从而能够得到 $\langle\langle A, B\rangle\rangle_{\varepsilon}$。在现在的研究中，格林函数 $\langle\langle d_{j\sigma}, d_{j\sigma}^+\rangle\rangle_{\varepsilon}(j=1,2,3)$ 能够确定体系的整个输运特性。为了计算它们，将同时使用 Dyson 方程和每个格林函数的运动方程。通过 Hartree-Fock 近似截断到高阶，推迟（超前）格林函数能够写成

$$\boldsymbol{G}_{\sigma}^r(\varepsilon) = (\boldsymbol{G}_{\sigma}^a(\varepsilon))^+ = \begin{pmatrix} S_{1\sigma} + \dfrac{i}{2}(\Gamma_{11\sigma}^L + \Gamma_{11\sigma}^R) & t_a & \dfrac{i}{2}(\Gamma_{13\sigma}^L + \Gamma_{13\sigma}^R) \\ t_a & S_{2\sigma} & t_b \\ \dfrac{i}{2}(\Gamma_{31\sigma}^L + \Gamma_{31\sigma}^R) & t_b & S_{3\sigma} + \dfrac{i}{2}(\Gamma_{33\sigma}^L + \Gamma_{33\sigma}^R) \end{pmatrix}^{-1}$$

$$\tag{3.10}$$

其中

$$S_{j\sigma} = \frac{(\varepsilon - \varepsilon_{j\sigma})(\varepsilon - \varepsilon_{j\sigma} - U_j)}{\varepsilon - \varepsilon_{j\sigma} - U_j + U_j\langle n_{j\bar{\sigma}}\rangle} \tag{3.11}$$

其中，$\langle n_{j\bar{\sigma}}\rangle$ 是平均占据数，需要通过关系式

$$\langle n_{j\bar{\sigma}}\rangle = \int d\varepsilon f(\varepsilon) \left[-\frac{1}{\pi} \mathrm{Im} G_{j\bar{\sigma}, j\bar{\sigma}}^r(\varepsilon) \right] \tag{3.12}$$

自洽计算求得。

利用非平衡态格林函数技术，可以得到通过体系的电流表达式：

$$J_\sigma = \frac{e}{\hbar} \int \frac{\mathrm{d}\varepsilon}{2\pi} [f_{\mathrm{L}}(\varepsilon) - f_{\mathrm{R}}(\varepsilon)] \mathrm{Tr}[\boldsymbol{G}_\sigma^a(\varepsilon)\boldsymbol{\Gamma}_\sigma^{\mathrm{R}}\boldsymbol{G}_\sigma^r(\varepsilon)\boldsymbol{\Gamma}_\sigma^{\mathrm{L}}] \tag{3.13}$$

其中

$$f_\beta(\varepsilon) = \{1 + \exp[(\varepsilon - u_\beta)/k_{\mathrm{B}}T]\}^{-1} \tag{3.14}$$

是电极中电子费米分布函数，u_β 是电极 β 中对应的化学势。

在零温条件下，电导能够写为

$$G_\sigma(\varepsilon_{\mathrm{F}}) = \frac{e^2}{\hbar} \mathrm{Tr} \left[\boldsymbol{G}_\sigma^a(\varepsilon)\boldsymbol{\Gamma}_\sigma^{\mathrm{R}}\boldsymbol{G}_\sigma^r(\varepsilon)\boldsymbol{\Gamma}_\sigma^{\mathrm{L}} \right]\Big|_{\varepsilon = \varepsilon_{\mathrm{F}}} \tag{3.15}$$

这里，ε_{F} 是电极中电子的费米能级。

3.2　点内电子间库仑相互作用对电导的影响

利用上面获得的方程，能够数值计算体系的基本输运特性。在下面的数值分析中，假定点内电子间库仑相互作用是相同的（$U_1 = U_2 = U_3 = U$）、点间耦合强度也是相同的（$t_a = t_b = t$）以及点-电极耦合强度 $\Gamma_1^\beta = \Gamma_3^\beta = \Gamma (\beta \in \mathrm{L,R})$，并取 Γ 作为能量单位。

由于量子点间电子间库仑相互作用比点内电子间库仑相互作用弱，因此不同量子点间电子间库仑相互作用被略去而只考虑点内电子间库仑相互作用。本章主要研究针对磁通诱导的相因子取 3 个典型数值时（分别为磁通诱导的相因子 $\varphi = 0$、$\pi/2$ 和 $7\pi/4$）点内库仑相互作用对电导的影响。

当三个量子点的能级分别取为 $\varepsilon_{1\sigma} = -1$，$\varepsilon_{2\sigma} = 0$ 和 $\varepsilon_{3\sigma} = 1$ 时，体系的电导随点内电子间库仑相互作用强度的变化如图 3.2 和图 3.3 所示。图 3.2(a_1)、(b_1) 和 (c_1) 分别展示了量子点内电子间无库仑相互作用情况下对应的电导。每个电导能谱都给出了 3 个共振峰。然而一旦考虑点内库仑相互作用，情况将变得不同。为了分析得更清楚，分别讨论每一磁通诱导的相因子取值所对应的体系电导。

首先，考虑当磁通诱导的相因子取 $\varphi = 0$ 时，点内库仑相互作用对电导的影响（见图 3.2(a_1)～(a_5) 和图 3.3(a_1)～(a_5)）。当点内电子间库仑相互作用足够小时，例如取 $U = 0.2$，3 个新的 Fano 反共振峰（见图 3.2 中标号为 (4)，(5)，(6) 的峰）分别出现在图 3.2 中标号为 (1)，(2)，(3) 的三个共振峰的附近。从电导能谱中能够发现在 U 取很小值时电导能谱被分成 3 组。当 U 增加时（但 $U \leqslant 2.1$），标号为 (5) 和 (6) 的 Fano 峰渐渐地演变成共振峰。同时，标号为 (2) 的共振峰转变成 Fano 峰伴随着线宽非常清晰地增加。随着 $U(U > 2.1)$ 的进一步增加，如图 3.3(a_2)～(a_5) 所示，标号为 (2) 的 Fano 峰演变成共振峰且对应的线宽变宽。同时，标号为 (3) 和 (6) 的共振峰渐渐地转变成 Fano 峰且标号为 (4) 的峰变成尖锐的共振峰。当把标号为 (6) 的 Fano 峰与最初的 Fano 峰相比较时，能够清楚地看到方向发生了翻转。标号为(4)的尖锐的峰看起来更像是最初标号为(2)的峰。当 U 足够大时,如图 3.3(a_4)和(a_5)所示,电导能谱中的 6 个峰被分成两组且它们的线形保持不变。然而,分子共振的线形(图 3.2 中标号为(1),(2),(4)的峰)是不同于它们库仑区域(标号为(3),(5),(6)的峰)的线形,这是由于三个量子点能级取不同数值而导致的。除此之外,分子共振与它们对应的库仑区域之间的距离近似等于 U,且当 U 足够大时一个能隙在两组峰之间形成。一个有趣的现象是:分子共振的线形与无点内库仑相互作用时的电导谱线线形是相似的。再者,人们能够看到,不管 U 如何改变,图 3.2 和图 3.3 中标号为(1)的峰的线形及位置总是保持不变的。

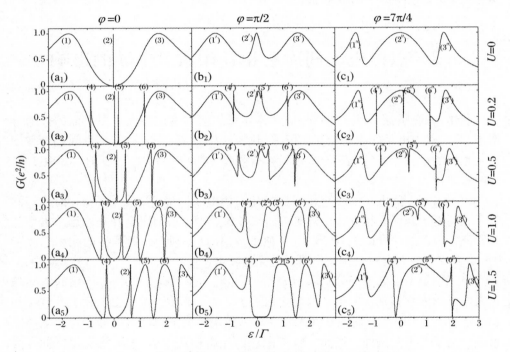

图 3.2　弱点内库仑相互作用时电导随电子能级的变化

其次,我们来研究:当磁通诱导的相因子 φ 取 $\pi/2$ 时,点内电子间库仑相互作用对电导的影响,如图 3.2(b_1)~(b_5)和图 3.3(b_1)~(b_5)所示。当 $U=0.2$ 时,3 个额外的小的 Fano 共振峰(图 3.2 中标号为($4'$),($5'$),($6'$)的峰)分别出现在图 3.2 中标号为($1'$),($2'$)和($3'$)的 3 个共振峰的附近。6 个峰看起来被分成 3 组。当把它与无磁场的情况相比较时,能够清楚地发现每个反共振点的位置都被提升,这完全是由于磁通诱导的相因子的存在而导致的。当 U 增加时(但 $U\leqslant2.1$),人们能够观察到在电导能谱中标号为($4'$)的 Fano 线形被翻转,且标号为($6'$)的 Fano 峰演变成共振峰。另外,标号为($2'$)和($5'$)的两个峰合并成一个峰,这是由于点内库仑相互作用和磁通诱导的相因子的联合效应导致的。因此,当 $U=2.1$ 时,5 个共振峰出现在电导能谱中。随着 U 的增加($U>2.1$),电导能谱中标号为($4'$)

的 Fano 峰变成共振峰,并且标号为 $(6')$ 的共振峰演变成 Fano 峰。这里,如果与最初的标号为 $(6')$ 的峰进行比较,此时的 Fano 线形发生了翻转。再者,能够发现当 $U=3$ 时,标号为 $(2')$ 和 $(5')$ 的合并峰开始发生劈裂。因此,6 个峰出现在电导能谱中。当 U 进一步增加时,两个劈裂的峰之间的距离变大,并且在这两个劈裂的峰之间形成的电导凹陷的位置降低。如果 U 足够大,这个电导凹陷演变成一个能隙。同时,6 个峰被这个能隙分成两组。能够看到在图 3.2 和 3.3 中标号为 $(1')$ 的峰的线形和位置并不随 U 的改变而发生变化。

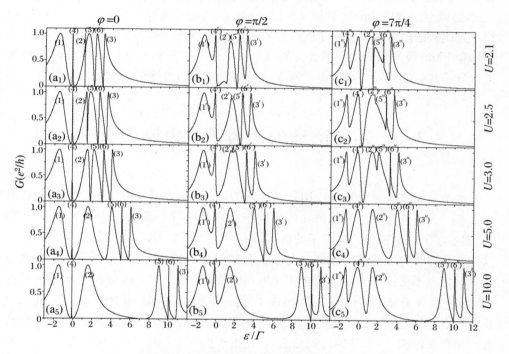

图 3.3 强点内库仑相互作用时电导随电子能级的变化

最后,研究当磁通诱导的相因子 $\varphi=7\pi/4$ 时体系的电荷输运,如图 3.2(c$_1$)~(c$_5$)和图 3.3(c$_1$)~(c$_5$)所示。与点内电子间无库仑相互作用的情况相比较,当 U =0.2 时,一个 Fano 共振、一个电导凹陷和一个 Fano 共振分别依次出现在图 3.2 中标号为 $(1'')$,$(2'')$ 和 $(3'')$ 的三个共振峰的附近。此时,体系的线性电导能谱曲线能够被分成 3 组。当 U =1.5 时,图 3.2 中标号为 $(4'')$ 和 $(6'')$ 的峰变成 Fano 反共振峰。随着 U 的增加,图 3.2 中标号为 $(4'')$ 的 Fano 反共振峰转变成共振峰,并且 Fano 反共振点消失。然而,图 3.2(c$_5$)中标号为 $(6'')$ 的 Fano 反共振峰的变化是复杂的。当 U =2.1 时,图 3.2(c$_5$)中标号为 $(6'')$ 的 Fano 反共振峰变成了一个尖锐的共振峰。当 U 进一步增加时,这个尖锐的共振峰演变成 Fano 反共振峰,并且方向发生了翻转。我们也关心图 3.2 中标号为 $(2'')$ 和 $(5'')$ 的两个峰之间的电导凹陷。当 U 从 0.2 增加到 1.5 时,这个电导凹陷变小。如果 U =1.5,这个电导凹陷则消失。但是,当 $U=2.1$ 时,出现了一个零电导的电导凹陷。当 $U=2.5$ 时,这个电导凹陷又消失。随着 U 的进一步增加,电导凹陷再一次出现且渐渐地演变成一个能隙。对于 U 取足够大的数值时,电导能谱被这个能隙分成两组,并且两组电导的线形保持不变。

根据上面的分析,点内电子间库仑相互作用对电导的影响能够被总结如下:① 当 U 足够小时,电导能谱中有 6 个峰,这 6 个峰能够被分成 3 组峰;② 当 U 足够大时,电导能谱能够由一个能隙分成两组,这个能隙是由电导凹陷演变而来的;③ 通过调整点内电子间库仑相互作用,Fano 反共振峰能够发生翻转;④ 点内库仑相互作用和磁通诱导的相因子的联合效应能够导致电导峰的简并;⑤ 可以实现共振峰和 Fano 反共振峰之间的相互转变;⑥ 在点内库仑相互作用被考虑的电导能谱中分子共振的线形与点内电子间无库仑相互作用的电导谱线线形是相似的。

3.3 磁通诱导的相因子对电导的影响

本节研究点内库仑相互作用取固定值 $U=2$ 且所有量子点的能级取相同数值（$\varepsilon_{1\sigma}=\varepsilon_{2\sigma}=\varepsilon_{3\sigma}=\varepsilon_0$）时磁通诱导的相因子对体系电导的影响。为了对比,图 3.4(a)展示了无磁通诱导的相因子的情况,即 $\varphi=0$。四个共振峰出现在电导能谱中,这意味着体系存在能级的简并。对于耦合三量子点结构,当三个量子点能级取为相同数值且不考虑磁通诱导的相因子时,体系结构在空间上的对称性导致量子点1与量子点3是完全等价的,因而出现了简并的能级。同时,从图中能够发现三个反共振点,其中有两个反共振点出现在能级 ε_0 和 ε_0+U 的位置。另外一个反共振点出现在能级 $\varepsilon=1.5$ 附近的位置,这是由于点内库仑相互作用而导致的。这个反共振点把 4 个共振峰分成了两组,左边的两个峰处于分子区域而右边的两个峰处于库仑阻塞区域。图 3.4(b)给出了磁通诱导的相因子 $\varphi=\pi/4$ 时的电导能谱。一旦我们考虑磁场,6 个峰出现在电导能谱中。与无磁场的电导能谱相比较,仅一个反共振点出现在能级 $\varepsilon=1.5$ 附近的位置,而无磁场时分别处于能级 ε_0 和 ε_0+U 位置处的两个反共振点消失,这是由于磁场的作用而导致的。仅存的反共振点将 6 个共振峰分成两组且每一组都由 3 个共振峰组成,同时能够发现在分子区域和库仑阻塞区域分别出现的 3 个共振峰之间有两个谷。这意味着磁场的作用导致能级简并的解除。一个有趣的现象是两个共振峰分别出现在能级 ε_0 和 ε_0+U 位置处,而无磁通诱导的相因子的电导能谱中在相对应位置处出现的是反共振点。因此,可以通过控制磁通诱导的相因子的有无,使得在能级 ε_0 和 ε_0+U 的位置上出现输运共振或反共振状态,根据这一性质可以把此系统用作磁可控的量子开关。从图中也能够发现被反共振点分开的两组电导线形是相似的,这是三个量子点能级取为相同数值所导致的。图 3.5 给出了磁通诱导的相因子 $\varphi = \pi$ 时的电导能谱，其他相关参数选取为 $U = 2$，$t = 1$ 和 $\varepsilon_0 = 0$。可以从电导能谱中观察到，与磁通诱导的相因子 $\varphi = \pi/4$ 的情况相比较，在分子区域及库仑阻塞区域对应的三个共振峰之间两个谷的电导谷值升高。这意味着电子隧穿的概率更高，电输运变得更加容易发生。分别处于能级 ε_0 和 $\varepsilon_0 + U$ 位置的两个共振峰的位置没有发生移动，在其他位置的峰变成了 Fano 峰。此外，能够发现在能级 $\varepsilon = 1.5$ 附近有一个反共振带形成。

图 3.6(a) 展示了磁通诱导的相因子 $\varphi = 3\pi/2$ 的情况，其他相关参数选取为 $U = 2$，$t = 1$ 和 $\varepsilon_0 = 0$。每组电导能谱由 3 个共振峰组成且有 5 个反共振点出现在电导能谱中。能够发现在电导能谱中出现了典型的 4 个 Fano 反共振和 2 个 Breit-Wigner 共振状态。然而，当 $\varphi = 2\pi$ 时（图 3.6(b)），4 个 Fano 反共振消失且仅仅两个 Breit-Wigner 共振出现在电导能谱中。4 个 Fano 反共振的消失意味着分别在成键、反键和与它们相对应的库仑阻塞区域形成了 4 个束缚态。对于这一点，与不考虑点内库仑相互作用的情况相比较，能够发现点内电子间库仑相互作用导致了更多的束缚态形成。值得注意的是，图 3.6 仍展示了分别位于能级 ε_0 和 $\varepsilon_0 + U$ 位置处两个电导峰的数值为 1.0。这进一步验证了我们所研究的体系能够被设计成一个量子开关。

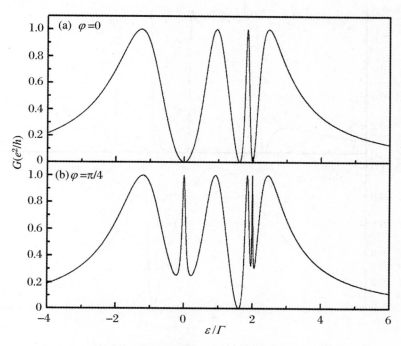

图 3.4　有无磁通诱导的相因子时电导随电子能级的变化曲线

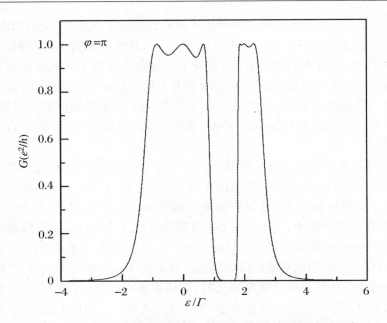

图 3.5　磁通诱导的相因子 $\varphi = \pi$ 时电导随电子能级的变化曲线

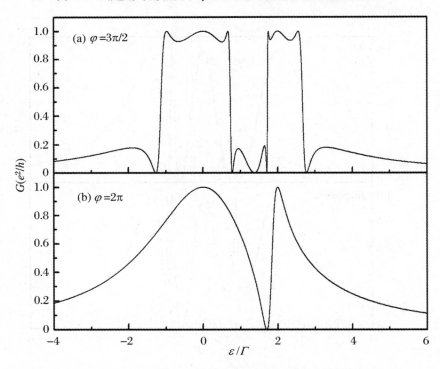

图 3.6　磁通诱导的相因子 $\varphi = 3\pi/2$ 和 2π 时电导随电子能级的变化曲线

3.4　点间耦合强度及量子点能级对体系电导的影响

由于量子点间耦合强度在实验上是容易调节的,因此下面研究量子点之间的耦合强度对电导的影响。在上节的分析中,能够发现当三个量子点能级取为相同数值时,处于分子区域与库仑阻塞区域的电导线形是相似的。因此,为了物理图像更加清晰,这里暂不考虑点内库仑相互作用。图 3.7～图 3.9 展示了点间耦合强度取几个特殊值时电导随电子能级的变化曲线,其中单量子点能级被固定为同一数值($\varepsilon_0 = 0$)且磁通诱导的相因子 $\varphi = 7\pi/4$,另外 $U = 0$。为了对比,首先研究点间耦合强度取相同数值时的情况。图 3.7 给出了当 $t_a = t_b = 1$ 时的情况,电导能谱曲线中有一个 Breit-Wigner 共振峰和两个典型的 Fano 反共振峰。其中,Breit-Wigner 共振出现在能级 $\varepsilon_0 = 0$ 的位置,另有两个典型的 Fano 反共振关于 Breit-Wigner 共振对称的出现在成键态和反键态能级的位置。当点间耦合强度 $t_a(t_b)$ 增加时,如图 3.8 所示,即 $t_a = t_b = 3$,其他相关参数取值如下:$U = 0, \varepsilon_0 = 0, \varphi = 7\pi/4$。电导能谱仍然由一个 Breit-Wigner 共振峰和两个典型的 Fano 反共振峰组成,但每个峰都发生了一定的变化。与 $t_a = t_b = 1$ 的情况相比较,Breit-Wigner 共振峰的位置虽没有发生变化,但峰的宽度变宽。两个 Fano 反共振峰的位置分别向远离 Breit-Wigner 共振峰的方向移动且 Fano 反共振峰的线宽随着点间耦合强度的增强而变窄。除此之外,两个典型的 Fano 反共振峰仍然保持关于 Breit-Wigner 共振峰对称,且分别出现在成键态和反键态能级的位置。这意味着相同的点间耦合强度的增强并没有破坏原有电导能谱所具有的对称性。接下来研究 3 个量子点之间耦合强度不相同时对电导产生的影响。图 3.9 展示了点间耦合强度 $t_a = 1$ 且 $t_b = 3$ 时的电导能谱,其他参数取值如下:$U = 0, \varepsilon_0 = 0, \varphi = 7\pi/4$。能够发现电导能谱由 3 个共振峰组成。与点间耦合强度取相同数值时的电导能谱相比较,处于成键态和反键态能级位置的两个 Fano 反共振峰已经转变成了两个共振峰,而 Breit-Wigner 共振峰的位置仍然没有发生移动。同时,处在 Breit-Wigner 共振峰两侧的共振峰仍然保持关于 Breit-Wigner 共振峰对称。一个有趣的现象是,在电导能谱中,没有反共振的出现。主要原因是当 3 个量子点之间的点间耦合强度分别取不同数值时,电子分波由于体系路径的相消干涉被破坏,进而导致了反共振的消失。通过以上的分析可知,点间耦合强度的匹配情况导致电导线形发生了较大变化。若点间耦合强度相同,则在电导能谱中能够出现 Fano 反共振峰,且 Fano 反共振峰位置随着点间耦合强度的改变而发生移动。一旦 3 个量子点之间的点间耦合强度不同,则在电导能谱中只出现共振峰。因此,控制 3 个量子点之间耦合强度的大小,就能够实现共振峰和 Fano 反共振峰两者之间的相互转变。此外,能够发现当3个量子点能级取相同数值时,无论点间耦合强度如何发生变化,电导能谱曲线总是具有对称性。

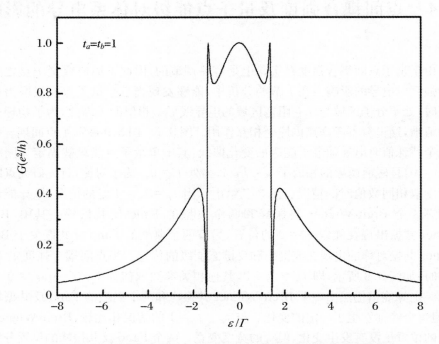

图 3.7　点间耦合强度 $t_a = t_b = 1$ 时电导随电子能级的变化曲线

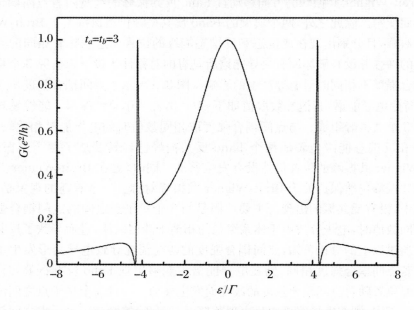

图 3.8　点间耦合强度 $t_a = t_b = 3$ 时电导随电子能级的变化曲线

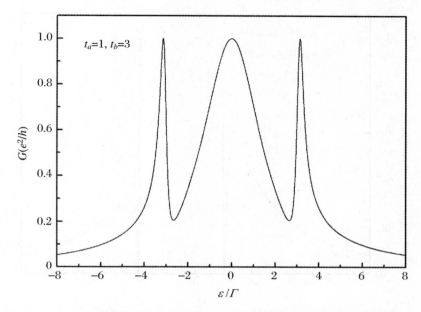

图 3.9　点间耦合强度 $t_a = 1$ 且 $t_b = 3$ 时电导随电子能级的变化曲线

最后,讨论单量子点能级对电导的影响,也就是 3 个量子点的单点能级取不同数值时的电导。由于模型从空间结构上来看,量子点 1 与量子点 3 是完全等价的。因此在下面的研究中,我们把量子点 1 与量子点 3 的能级取为相同数值,即 $\varepsilon_{1\sigma} = \varepsilon_{3\sigma}$。在实验上,这可以通过调整每个量子点上的门压来实现。图 3.10 给出了固定点间耦合强度($t_a = t_b = 1$)、磁通诱导的相因子($\varphi = 7\pi/4$)以及 $\varepsilon_{2\sigma} \neq \varepsilon_{1\sigma} = \varepsilon_{3\sigma}$ 时的电导能谱。图中实线代表 $\varepsilon_{2\sigma} = 1, \varepsilon_{1\sigma,3\sigma} = 0$;虚线代表 $\varepsilon_{2\sigma} = 0, \varepsilon_{1\sigma,3\sigma} = 1$,其他相关参数取值如下:$U = 0, t_a = t_b = 1, \varphi = 7\pi/4$。能够发现电导能谱仍然由一个 Breit-Wigner 共振和两个典型的 Fano 反共振组成。但是两个典型的 Fano 反共振线形发生了明显地改变。两个典型的 Fano 反共振不再保持关于 Breit-Wigner 共振对称。这是由于内部结构对称性破坏所导致的结果。图中实线给出了 $\varepsilon_{2\sigma} = 1$,$\varepsilon_{1\sigma,3\sigma} = 0$ 时的电导能谱,而虚线给出了将 $\varepsilon_{2\sigma}$ 和 $\varepsilon_{1\sigma,3\sigma}$ 两个数值交换后的电导能谱,即 $\varepsilon_{2\sigma} = 0, \varepsilon_{1\sigma,3\sigma} = 1$。能够发现两组电导曲线关于 $\varepsilon_{1\sigma}$ 和 $\varepsilon_{2\sigma}$ 两个数值之和的一半($\varepsilon = 0.5$)保持镜像对称。图 3.11 也给出了相同的结果。图中实线给出了 $\varepsilon_{2\sigma} = 1$,$\varepsilon_{1\sigma,3\sigma} = -1$ 时的电导能谱,而虚线给出将 $\varepsilon_{2\sigma}$ 和 $\varepsilon_{1\sigma,3\sigma}$ 两个数值交换后的电导能谱,即 $\varepsilon_{2\sigma} = -1, \varepsilon_{1\sigma,3\sigma} = 1$,获得的两组曲线关于能级 $\varepsilon = 0$ 保持镜像对称。

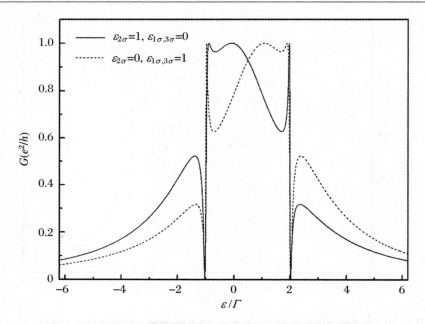

图 3.10　量子点能级取不同数值时电导随电子能级的变化曲线

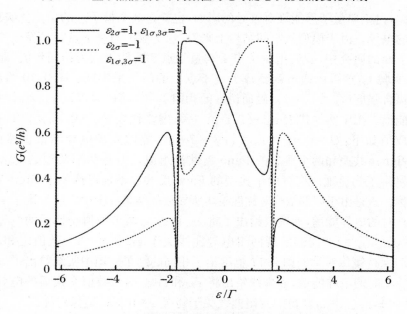

图 3.11　量子点能级取不同数值时电导随电子能级的变化曲线

本 章 小 结

　　本章利用格林函数的运动方程以及 Dyson 方程对耦合三量子点 AB 干涉仪结构的电荷输运性质进行了研究。重点讨论了点内电子间库仑相互作用如何影响体系的电荷输运性质。① 3 个量子点能级在被分别选取不同数值情况下，当点内电子间无库仑相互作用时，电导能谱展示了 3 个共振峰。当点内电子间库仑相互作用足够小时，可以发现在 3 个共振峰的附近均有 3 个新的共振峰出现，此时 6 个共振峰被分成了 3 组。当点内电子间库仑相互作用足够大时，电导能谱中的 6 个共振峰被一个能隙分成两组，这个能隙是由电导凹陷演变而来的。② 通过调整点内电子间库仑相互作用，Fano 反共振峰能够发生翻转且可以实现共振峰和 Fano 反共振峰之间的相互转变。点内电子间库仑相互作用和磁通诱导的相因子的联合效应可以导致电导峰的简并。当点内电子间库仑相互作用较强时，电导能谱中分子共振区域的线形与点内电子间无相互作用时的电导谱的线形相似。③ 3 个量子点能级被选取相同数值且点内电子间库仑相互作用取固定值时磁通诱导的相因子对电荷输运的影响表现为：由于点内电子间库仑相互作用的存在，在电导能谱中更多的束缚态形成且更多的 Fano 反共振状态出现。通过调节点间耦合强度，Fano 反共振峰的位置能够发生移动。希望这些结果对未来的量子器件的开发有一定作用。

第 4 章　三 Rashba 量子点体系电荷及自旋输运

在半导体自旋电子学领域里，自旋轨道相互作用是一个非常重要的角色。由于自旋轨道相互作用能够使电子的自旋自由度与轨道运动耦合，因此可以通过调节外电场或门压来控制电子自旋。在 Sun 等[33]对 Rashba 自旋轨道相互作用的纳米结构研究中，提出了 Rashba 自旋轨道相互作用能够在电极与量子点的耦合矩阵元中产生一个与自旋相关的相因子，并以一个 Rashba 量子点被嵌入一臂中的 AB 环的输运性质为例进行了讨论。在 Rashba 自旋轨道相互作用和磁通诱导的相因子的联合作用下，出现了自旋极化的电导或电流，通过调节磁通诱导的相因子和门压可以控制自旋极化的方向和大小。上述理论研究极大地促进了耦合量子点体系有关自旋输运性质的理论研究[5-8]，同时也为自旋电子学的研究注入了新的活力。例如，Chi 等[40]研究了一个双量子点 AB 干涉仪中的 Fano-Rashba 效应。通过调节 Rashba 自旋轨道耦合强度和磁通诱导的相因子等结构参数以及改变结构构型，在电导能谱中两种不同自旋电子的 Fano 线形能够同时或分别地被调整。Lee 等[41]研究了磁场和 Rashba 自旋劈裂对抛物量子点电子能级的影响，当存在磁场时电子简并能级解除，且自旋态的能级劈裂随着 Rashba 系数和磁场的增加而增强。本工作提出一个三量子点结构，其中在每个量子点内均考虑 Rashba 自旋轨道相互作用且每个量子点可以同时与电极耦合，该体系拥有更多的电子共振隧穿的通道及可调参数。通过调节点-电极耦合强度、量子点间耦合强度和 Rashba 自旋轨道相互作用，体系的电荷及自旋输运出现更加丰富的输运特性，从而给我们带来更多有意义的应用。

在本章中，研究三 Rashba 量子点体系电荷及自旋输运，其中考虑了外磁场、Rashba 自旋轨道相互作用和点内库仑相互作用。使用非平衡态格林函数技术，计算体系的电导表达式。探讨体系结构参数如何影响体系电荷及自旋输运性质，并用体系总态密度给出物理解释。

4.1　三 Rashba 量子点体系理论模型

由 3 个 Rashba 量子点组成的体系构型如图 4.1 所示，其中每个量子点可以同时与左、右电极耦合。

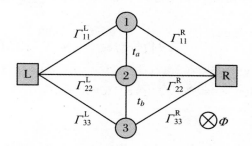

图 4.1　三 Rashba 量子点体系的示意图

整个体系的哈密顿量能够写为

$$H_{\text{total}} = H_{\text{lead}} + H_{\text{dots}} + H_{\text{T}} \tag{4.1}$$

右边第一项 H_{lead} 描述了在无相互作用准粒子近似下两个电极的贡献:

$$H_{\text{lead}} = \sum_{k,\sigma} \sum_{\beta = \text{L,R}} \varepsilon_{k\beta} C_{k\beta\sigma}^{+} C_{k\beta\sigma} \tag{4.2}$$

式中,$C_{k\beta\sigma}^{+}(C_{k\beta\sigma})$ 为电极 β 中波矢为 k 自旋为 σ 的电子产生(湮灭)算符;$\varepsilon_{k\beta}$ 为电极 β 中波矢为 k 的电子能级。

方程(4.1)右边第二项描述了三量子点体系的贡献:

$$H_{\text{dots}} = \sum_{j\sigma} \varepsilon_{j\sigma} d_{j\sigma}^{+} d_{j\sigma} + \sum_{j} U_{j} d_{j\uparrow}^{+} d_{j\uparrow} d_{j\downarrow}^{+} d_{j\downarrow} - \sum_{\sigma} (t_{a} d_{1\sigma}^{+} d_{2\sigma} + t_{b} d_{2\sigma}^{+} d_{3\sigma} + \text{H.c.}) \tag{4.3}$$

式中,$d_{j\sigma}^{+}(d_{j\sigma})$ 为量子点 $j(j=1,2,3)$ 中自旋为 σ 的电子产生(湮灭)算符;$\varepsilon_{j\sigma}$ 为量子点 j 中自旋为 σ 的电子能级;$t_{a}(t_{b})$ 为量子点 1(2) 和 2(3) 之间的隧穿耦合强度;U_{j} 为量子点 j 中点内电子之间库仑相互作用;H.c. 为前面所有算符的复共轭。

方程(4.1)中最后一项 H_{T},描述了量子点与电极间的电子隧穿,并且有下面的形式:

$$H_{\text{T}} = \sum_{j} \sum_{k,\sigma} \sum_{\beta = \text{L,R}} (t_{\beta j\sigma} C_{k\beta\sigma}^{+} d_{j\sigma} + \text{H.c.}) \tag{4.4}$$

这里,$t_{\beta j\sigma}$ 描述了量子点与电极之间的隧穿耦合,它被假定是与 k 无关的。且 $t_{\beta j\sigma}$ 具有下面的形式:

$$t_{\text{L}1\sigma} = |t_{\text{L}1}| e^{i\varphi/4} e^{-i\sigma\varphi_{\text{R}1}/2} \tag{4.5a}$$

$$t_{\text{L}2\sigma} = |t_{\text{L}2}| e^{-i\sigma\varphi_{\text{R}2}/2} \tag{4.5b}$$

$$t_{\text{L}3\sigma} = |t_{\text{L}3}| e^{-i\varphi/4} e^{-i\sigma\varphi_{\text{R}3}/2} \tag{4.5c}$$

$$t_{\text{R}1\sigma} = |t_{\text{R}1}| e^{-i\varphi/4} e^{i\sigma\varphi_{\text{R}1}/2} \tag{4.5d}$$

$$t_{\text{R}2\sigma} = |t_{\text{R}2}| e^{i\sigma\varphi_{\text{R}2}/2} \tag{4.5e}$$

$$t_{\text{R}3\sigma} = |t_{\text{R}3}| e^{i\varphi/4} e^{i\sigma\varphi_{\text{R}3}/2} \tag{4.5f}$$

式中,φ 为磁通诱导的相因子;$\varphi_{\text{R}j}$ 为量子点 j 内 Rashba 自旋轨道相互作用诱导的相因子。

在下面的计算中，定义一个线宽矩阵元 $\Gamma_{ij\sigma}^{\beta} = 2\pi \sum_{k} t_{\beta i\sigma} t_{\beta j\sigma}^{*} \delta(\varepsilon - \varepsilon_{k\beta})$，并且矩阵 $\boldsymbol{\Gamma}_{\sigma}^{\alpha}$ 能够写成

$$
\boldsymbol{\Gamma}_{\sigma}^{L} = \begin{pmatrix} \Gamma_1^L & \sqrt{\Gamma_1^L \Gamma_2^L}\,\mathrm{e}^{\mathrm{i}\varphi/4}\,\mathrm{e}^{-\mathrm{i}\sigma(\varphi_{R1}-\varphi_{R2})/2} & \sqrt{\Gamma_1^L \Gamma_3^L}\,\mathrm{e}^{\mathrm{i}\varphi/2}\,\mathrm{e}^{-\mathrm{i}\sigma(\varphi_{R1}-\varphi_{R3})/2} \\ \sqrt{\Gamma_1^L \Gamma_2^L}\,\mathrm{e}^{-\mathrm{i}\varphi/4}\,\mathrm{e}^{\mathrm{i}\sigma(\varphi_{R1}-\varphi_{R2})/2} & \Gamma_2^L & \sqrt{\Gamma_2^L \Gamma_3^L}\,\mathrm{e}^{\mathrm{i}\varphi/4}\,\mathrm{e}^{-\mathrm{i}\sigma(\varphi_{R2}-\varphi_{R3})/2} \\ \sqrt{\Gamma_1^L \Gamma_3^L}\,\mathrm{e}^{-\mathrm{i}\varphi/2}\,\mathrm{e}^{\mathrm{i}\sigma(\varphi_{R1}-\varphi_{R3})/2} & \sqrt{\Gamma_2^L \Gamma_3^L}\,\mathrm{e}^{-\mathrm{i}\varphi/4}\,\mathrm{e}^{\mathrm{i}\sigma(\varphi_{R2}-\varphi_{R3})/2} & \Gamma_3^L \end{pmatrix}
$$

(4.6a)

和

$$
\boldsymbol{\Gamma}_{\sigma}^{R} = \begin{pmatrix} \Gamma_1^R & \sqrt{\Gamma_1^R \Gamma_2^R}\,\mathrm{e}^{-\mathrm{i}\varphi/4}\,\mathrm{e}^{\mathrm{i}\sigma(\varphi_{R1}-\varphi_{R2})/2} & \sqrt{\Gamma_1^R \Gamma_3^R}\,\mathrm{e}^{-\mathrm{i}\varphi/2}\,\mathrm{e}^{\mathrm{i}\sigma(\varphi_{R1}-\varphi_{R3})/2} \\ \sqrt{\Gamma_1^R \Gamma_2^R}\,\mathrm{e}^{\mathrm{i}\varphi/4}\,\mathrm{e}^{-\mathrm{i}\sigma(\varphi_{R1}-\varphi_{R2})/2} & \Gamma_2^R & \sqrt{\Gamma_2^R \Gamma_3^R}\,\mathrm{e}^{-\mathrm{i}\varphi/4}\,\mathrm{e}^{\mathrm{i}\sigma(\varphi_{R2}-\varphi_{R3})/2} \\ \sqrt{\Gamma_1^R \Gamma_3^R}\,\mathrm{e}^{\mathrm{i}\varphi/2}\,\mathrm{e}^{-\mathrm{i}\sigma(\varphi_{R1}-\varphi_{R3})/2} & \sqrt{\Gamma_2^R \Gamma_3^R}\,\mathrm{e}^{\mathrm{i}\varphi/4}\,\mathrm{e}^{-\mathrm{i}\sigma(\varphi_{R2}-\varphi_{R3})/2} & \Gamma_3^R \end{pmatrix}
$$

(4.6b)

这里，Γ_j^{β} 是 $\Gamma_{jj}^{\beta}(j=1,2,3)$ 的简化形式。

在现在的研究中，格林函数 $G_{jj}(\varepsilon)(j=1,2,3)$ 能够确定体系的整个输运特性。为了计算它们，同时使用 Dyson 方程和每个格林函数的运动方程。通过 Hartree-Fock 近似截断到高阶，推迟（超前）格林函数能够写成

$$
\boldsymbol{G}_{\sigma}^{r}(\varepsilon) = (\boldsymbol{G}_{\sigma}^{a}(\varepsilon))^{+}
$$

$$
= \begin{pmatrix} S_{1\sigma} + \dfrac{\mathrm{i}}{2}(\Gamma_{11\sigma}^L + \Gamma_{11\sigma}^R) & t_a + \dfrac{\mathrm{i}}{2}(\Gamma_{12\sigma}^L + \Gamma_{12\sigma}^R) & \dfrac{\mathrm{i}}{2}(\Gamma_{13\sigma}^L + \Gamma_{13\sigma}^R) \\ t_a + \dfrac{\mathrm{i}}{2}(\Gamma_{21\sigma}^L + \Gamma_{21\sigma}^R) & S_{2\sigma} + \dfrac{\mathrm{i}}{2}(\Gamma_{22\sigma}^L + \Gamma_{22\sigma}^R) & t_b + \dfrac{\mathrm{i}}{2}(\Gamma_{23\sigma}^L + \Gamma_{23\sigma}^R) \\ \dfrac{\mathrm{i}}{2}(\Gamma_{31\sigma}^L + \Gamma_{31\sigma}^R) & t_b + \dfrac{\mathrm{i}}{2}(\Gamma_{32\sigma}^L + \Gamma_{32\sigma}^R) & S_{3\sigma} + \dfrac{\mathrm{i}}{2}(\Gamma_{33\sigma}^L + \Gamma_{33\sigma}^R) \end{pmatrix}^{-1}
$$

(4.7)

其中

$$
S_{j\sigma} = \frac{(\varepsilon - \varepsilon_{j\sigma})(\varepsilon - \varepsilon_{j\sigma} - U_j)}{\varepsilon - \varepsilon_{j\sigma} - U_j + U_j \langle n_{j\bar{\sigma}} \rangle}
$$

(4.8)

式中，第 j 个量子点中自旋为 $\bar{\sigma}$ 电子的平均占据数 $\langle n_{j\bar{\sigma}} \rangle$ 可通过方程式

$$
\langle n_{j\bar{\sigma}} \rangle = \int \mathrm{d}\varepsilon f(\varepsilon) \left[-\frac{1}{\pi} \mathrm{Im} G_{j\bar{\sigma},j\bar{\sigma}}^{r}(\varepsilon) \right]
$$

(4.9)

自洽计算求解。

利用非平衡态格林函数技术，可以得到通过体系的电流表达式：

$$
J_{\sigma} = \frac{e}{h} \int \frac{\mathrm{d}\varepsilon}{2\pi} [f_L(\varepsilon) - f_R(\varepsilon)] \mathrm{Tr}[\boldsymbol{G}_{\sigma}^{a}(\varepsilon) \boldsymbol{\Gamma}_{\sigma}^{R} \boldsymbol{G}_{\sigma}^{r}(\varepsilon) \boldsymbol{\Gamma}_{\sigma}^{L}]
$$

(4.10)

其中

$$
f_{\beta}(\varepsilon) = \left[1 + \exp\left(\frac{\varepsilon - u_{\beta}}{k_B T} \right) \right]^{-1}
$$

(4.11)

是电极中电子费米分布函数，u_{β} 是电极 β 中对应的化学势。

在零温条件下,电导能够写为

$$G_\sigma(\varepsilon_F) = \frac{e^2}{h} \text{Tr}\left[\boldsymbol{G}_\sigma^a(\varepsilon)\boldsymbol{\Gamma}_\sigma^R\boldsymbol{G}_\sigma^r(\varepsilon)\boldsymbol{\Gamma}_\sigma^L\right]\Big|_{\varepsilon=\varepsilon_F} \tag{4.12}$$

这里,ε_F 是电极中电子的费米能级。

4.2　三 Rashba 量子点体系电荷输运

利用上面获得的方程,能够数值计算体系的基本输运特性。在具体数值计算中,假定所有量子点能级是相同的($\varepsilon_{1\sigma} = \varepsilon_{2\sigma} = \varepsilon_{3\sigma} = \varepsilon_0$),点内电子间库仑相互作用也是相同的($U_1 = U_2 = U_3 = U$),点-电极耦合强度 $\Gamma_1^\beta = \Gamma_2^\beta = \Gamma(\beta \in L, R)$,并将 Γ 作为能量单位。同时假定 $\varphi_{R2} = \varphi_{R3}$,于是 $\Gamma_\sigma^{L,R}$ 将仅仅依赖于 $\varphi_{R12} = \varphi_{R13} = \varphi_{R1} - \varphi_{R2(3)} = \varphi_R$,$\varphi_R$ 是 φ_{R1} 和 φ_{R2}(或 φ_{R3})之间的差值。

下面,分三种情况讨论体系的电导能谱:① 量子点 3 仅与量子点 2 耦合而与电极无耦合;② 量子点 3 仅与两个电极耦合而与量子点 2 无耦合;③ 量子点 3 同时与量子点 2 和两个电极耦合。并将每种情况下所得到的体系电导能谱与平行耦合双 Rashba 量子点体系的电导能谱进行比较。

(1)考虑当量子点 3 仅与量子点 2 耦合时,电导随电子能级的变化。假定点内库仑相互作用($U = 4$)、磁通诱导的相因子($\varphi = 0$)和 Rashba 自旋轨道相互作用($\varphi_R = \pi/4$)。图 4.2(a)～(d)均展示了电导能谱被分成两组共振峰,这是由于点内库仑相互作用所导致的。同时,能够清楚地发现两组共振峰的趋势是相似的,且处于库仑阻塞区域电导峰的宽度更窄。为了比较,图 4.2(a)中实线给出了平行耦合双 Rashba 量子点体系的电导能谱曲线。这里,我们考虑量子点内的 Rashba 自旋轨道相互作用,它能够诱导一个与自旋相关的相因子。由于这个相因子的作用,通过量子点 1 和量子点 2 的输运将分别提供一个非共振通道和一个共振隧穿,这会导致 Fano 共振。正如图 4.2(a)所示,电导能谱由两个 Breit-Wigner 共振峰和两个 Fano 共振峰组成,其中心分别在成键能级($\varepsilon_0 - t_a$)、反键能级($\varepsilon_0 + t_a$)和与它们相对应的库仑阻塞区域。当量子点 3 与量子点 2 之间的耦合强度足够小时,即 $t_b = 0.01$,电导能谱主要展示了平行耦合双 Rashba 量子点体系的输运性质。一个有趣的现象是,见图 4.2(a)中的虚线,两个尖锐的共振峰分别出现在能级 $\varepsilon = \varepsilon_0$ 和 $\varepsilon = \varepsilon_0 + U$ 的位置。能够清楚地看到除了两个尖锐的共振峰以外,实线和虚线是完全一致的。这意味着量子点 3 与量子点 2 之间的弱耦合对平行耦合双 Rashba 量子点体系电荷输运的影响是很小的。这里,我们能够把量子点 3 与量子点 2 之间的弱耦合带来的影响看作是一种微扰。随着耦合强度 t_b 的增大,两个 Breit-Wigner 共振峰变窄的同时伴随着两个额外的 Fano 共振峰出现(图 4.2(b)、(c))。对于足够大的 t_b 值,两个额外的

Fano 共振峰又转变成共振峰(图 4.2(d))。再者,由于量子点 3 与量子点 2 之间的耦合,处在相应的成键、反键和与它们相对应的库仑阻塞区域电导峰的位置发生了移动。能够发现,当 t_b 变大时,处在相应的成键和反键能级的两个共振峰之间的距离变大,对应的库仑阻塞区域也是如此。另外,随着耦合强度 t_b 的增大,处在反键能级和相应的库仑阻塞区域两个 Fano 反共振峰的反共振点的位置升高且两个 Fano 反共振峰最终演变成共振峰。如图 4.2(d)所示,6 个共振峰出现在电导能谱中。考虑上述这些现象出现的原因是:当耦合强度 t_b 足够大时,量子点 3 与量子点 2 形成了一个新的量子态,这使得电子通过平行耦合双 Rashba 量子点体系的量子干涉被影响。因此,两个 Fano 反共振点消失,最终导致 4 个 Fano 共振峰向 4 个共振峰转变。

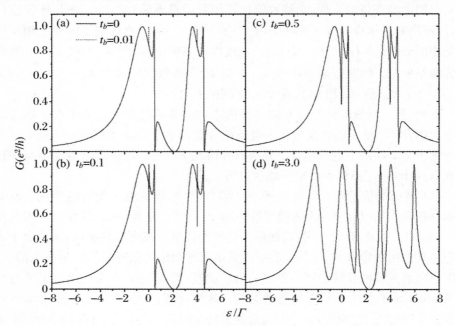

图 4.2　点间耦合强度对电导能谱的影响

态密度是能够给出潜在的输运性质的另外一个物理量且能够展示一个清晰的物理图像。总态密度的定义为

$$\rho(\varepsilon) = \sum_{j=1}^{3} \rho_j(\varepsilon) = -\frac{1}{\pi} \sum_{j=1}^{3} \mathrm{Im} G_{jj}^r(\varepsilon) \tag{4.13}$$

图 4.3 展示了与图 4.2 相对应的总态密度,相应的参数选择与图 4.2 相同。图 4.3(a)里面的实线给出了平行耦合双 Rashba 量子点体系的总态密度,从中能够发现两个洛伦兹峰和两个具有有限宽度的峰。虚线对应 $t_b=0.01$ 的情况,展示出两个 δ 函数型分别位于能级 $\varepsilon = \varepsilon_0$ 和 $\varepsilon = \varepsilon_0 + U$ 的位置。把态密度这个特征与图 4.2(a)中虚线给出的线性电导相比较,两个 δ 函数型的出现预示了在电导能谱中两个尖锐的共振峰出现。当耦合强度 t_b 从 0.1 增加到 3.0 时,两个 δ 函数型的宽度渐

渐地变宽。这与电导能谱是一致的,在电导能谱中两个 Fano 共振峰转变成共振峰。图 4.3(d)中 6 个具有有限宽度和高度的共振峰对应于图 4.2(d)中的 6 个共振峰。

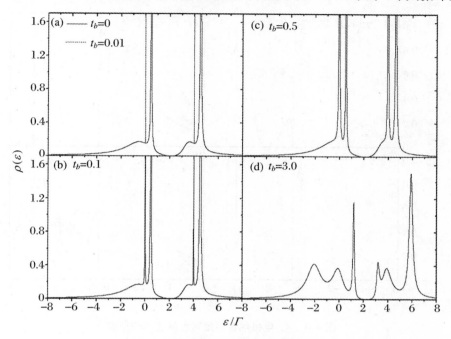

图 4.3　态密度随电子能级的变化

注:参数选择与图 4.2 相同。

(2) 研究当量子点 3 仅与两个电极耦合而与量子点 2 无耦合时,电导随电子能级的变化,相关参数取值如下:$U=4$,$t_a=1$,$\varphi=0$,$\varphi_R=\pi/4$,$\varepsilon_0=0$ 和 $t_b=0$。为了比较,图 4.4(a)中的实线仍然给出了平行耦合双 Rashba 量子点体系的电导能谱曲线。当量子点 3 弱耦合于电极时,即 $\Gamma_3^{L,R}=0.01$,从图 4.4(a)中的虚线可以发现两个新的 Fano 共振峰分别出现在能级 $\varepsilon=\varepsilon_0$ 和 $\varepsilon=\varepsilon_0+U$ 的位置。电导能谱曲线的其他部分与平行耦合双 Rashba 量子点体系的电导能谱曲线是相同的。这是因为,当耦合强度 $\Gamma_3^{L,R}$ 取较小数值时,量子点 3 与电极的弱耦合对平行耦合双 Rashba 量子点电荷输运的影响是很小的。当量子点 3 与电极的耦合强度为 $\Gamma_3^{L,R}=0.1$ 时,两个新的 Fano 共振峰的宽度变宽。当 $\Gamma_3^{L,R}$ 进一步增大时,两个新的 Fano 共振峰渐渐地演变成共振峰,如图 4.4(c)和(d)所示。能够发现:不管 $\Gamma_3^{L,R}$ 如何改变,位于成键、反键能级和与之相对应的库仑阻塞区域的两个 Breit-Wigner 共振峰和两个 Fano 反共振峰保持不变。原因是当量子点 3 与量子点 2 无耦合时,支路(电极 L—量子点 3—电极 R)变成了一个孤立的路径。因此,电子通过平行耦合双 Rashba 量子点体系电荷输运的固有特性没有受到破坏。图 4.5 给出了与图 4.4 具有相同参数的总态密度。正如图 4.5(a)中的虚线所示,有两个尖锐的峰分别出现在能级 $\varepsilon=\varepsilon_0$ 和 $\varepsilon=\varepsilon_0+U$ 的位置。这两个尖锐的峰分别对应于

图 4.4(a)中虚线所示的两个新的 Fano 共振峰。随着耦合强度 $\Gamma_3^{L,R}$ 的增强,两个尖锐的峰的宽度扩宽预示着电导能谱中两个 Fano 共振峰渐渐地变成共振峰。

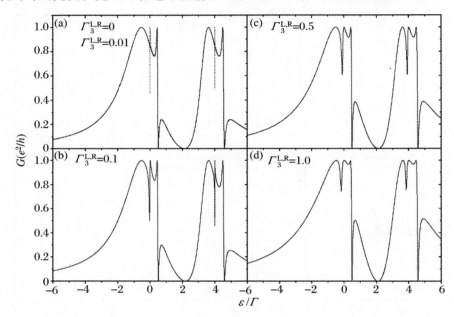

图 4.4   点-电极耦合强度对电导能谱的影响

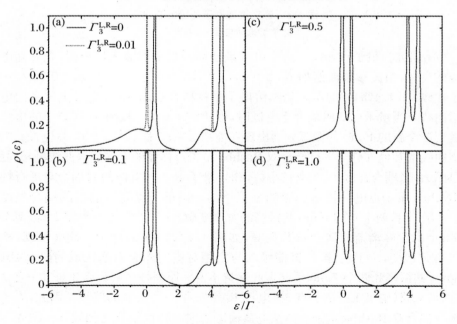

图 4.5   点-电极耦合强度对总态密度的影响

注:参数选择与图 4.4 相同。

（3）计算量子点 3 同时与量子点 2 以及电极耦合的电导,其中假定量子点 3 弱耦合于电极（$\Gamma_3^{\mathrm{L,R}}=0.1$）,其他相关参数取值如下：$U=4$, $t_a=1$, $\varphi=0$, $\varphi_{\mathrm{R}}=\pi/4$ 和 $\varepsilon_0=0$。图 4.6(a) 中的实线仍然描绘了平行耦合双 Rashba 量子点体系的电导能谱曲线。当量子点 3 弱耦合于量子点 2 时,即 $t_b=0.1$（图 4.6(a) 中的虚线）,两个尖锐的共振峰分别出现在能级 $\varepsilon=\varepsilon_0$ 和 $\varepsilon=\varepsilon_0+U$ 的位置。但是,图 4.6(a) 中的实线与虚线彼此并不一致。我们考虑：当量子点 3 同时与量子点 2 及两个电极耦合时,支路(电极 L—量子点 3—电极 R)不再是一个孤立的路径。电子通过体系的量子干涉变得更加复杂,因此,通过平行耦合双 Rashba 量子点体系的电荷输运受到显著的影响。当耦合强度 $t_b=0.3$ 时,在图 4.6(a) 中两个尖锐的共振峰转变成两个新的 Fano 共振峰。当耦合强度 $t_b=0.5$ 时,两个新的 Fano 共振峰变小。如果量子点 3 强耦合于量子点 2,即 $t_b=1.0$ 时,两个新的 Fano 共振峰转变成共振峰。这些性质能够从相应的态密度来理解。图 4.7 展示了与图 4.6 具有相同参数的总态密度。正如图 4.7(a) 中虚线所示,也有两个很窄的峰分别出现在能级 $\varepsilon=\varepsilon_0$ 和 $\varepsilon=\varepsilon_0+U$ 的位置。这两个窄的峰分别对应于图 4.6(a) 中两个尖锐的共振峰。当 t_b 增加时,如图 4.7(b) 和 (c) 所示,位于能级 $\varepsilon=\varepsilon_0$ 位置处峰的线形与处在反键能级位置处峰的线形是相似的。这是和电导能谱中新的 Fano 共振峰的出现是一致的。当 $t_b=1.0$ 时,分别位于能级 $\varepsilon=\varepsilon_0$ 和 $\varepsilon=\varepsilon_0+U$ 处两个峰的宽度变宽,这预示着在电导能谱中两个新的 Fano 共振峰转变成两个共振峰。

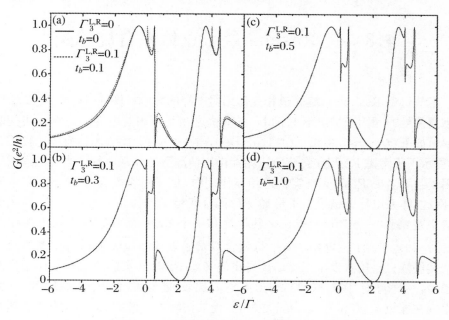

图 4.6　点间耦合强度 t_b 对电导能谱的影响

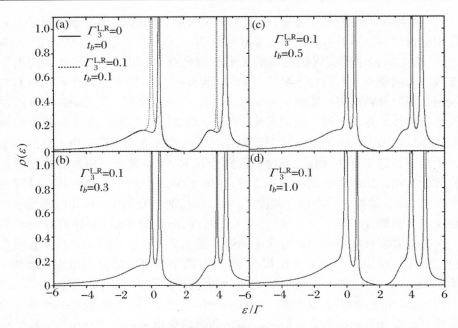

图 4.7　点间耦合强度 t_b 对总态密度的影响

注:参数选择与图 4.6 相同。

4.3　三 Rashba 量子点体系自旋输运

本节讨论 Rashba 自旋轨道相互作用对电导的影响。图 4.8～图 4.12 给出了无磁通诱导的相因子情况下 Rashba 自旋轨道相互作用对电导的影响。相关的参数取值如下:$U=0$,$t_a = t_b = t = 1.0$,$\varphi = 0$,$\varepsilon_0 = 0$ 和 $\Gamma_3^{\text{L,R}} = 1.0$。为了比较,图 4.8 (a)展示了不考虑 Rashba 自旋轨道相互作用情况下的体系电导。当无磁通诱导的相因子且不考虑 Rashba 自旋轨道相互作用时,量子点 1 与量子点 3 是完全等价的,因此,体系电导能谱给出了形如平行耦合双量子点体系的电导能谱,即在电导能谱中观察到一个 Breit-Winger 共振峰和一个 Fano 反共振峰分别出现在能级 $\varepsilon_0 - \sqrt{2}t$ 和 $\varepsilon_0 + \sqrt{2}t$ 位置处。与平行耦合双量子点体系电导能谱对比能够发现这两个共振峰只是位置发生了移动。当我们考虑 Rashba 自旋轨道相互作用且取相因子 $\varphi_R = \pi/50$ 时(图 4.8(b)),与图 4.8(a)比较,能够发现一个尖锐的 Fano 共振峰出现在能级 $\varepsilon = 0$ 位置处,除此之外,其他共振峰与不考虑 Rashba 自旋轨道相互作用的电导能谱曲线相同。这个尖锐的共振峰的出现是由于 Rashba 自旋轨道相互作用相因子的作用而导致的。图 4.9 展示了与图 4.8 具有相同参数的对应体系的总态密度。图 4.9(a)展示了不考虑 Rashba 自旋轨道相互作用的体系总态密度,能够从图中发现一个 δ 函数出现在能级 ε = 0 位置处,这意味着在此处体系形成了一个束缚态。图 4.9(b)展示了 Rashba 自旋轨道相互作用相因子 $\varphi_R = \pi/50$ 时的体系总态密度,从图中能够发现一个窄的峰出现在能级 ε = 0 位置处。

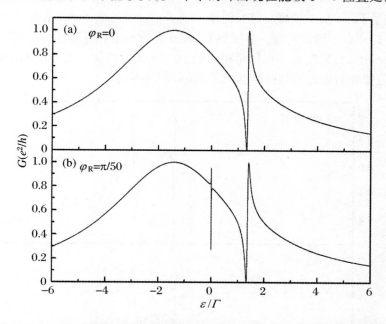

图 4.8　Rashba 自旋轨道相互作用相因子 $\varphi_R = 0$ 和 $\varphi_R = \pi/50$ 时的电导能谱

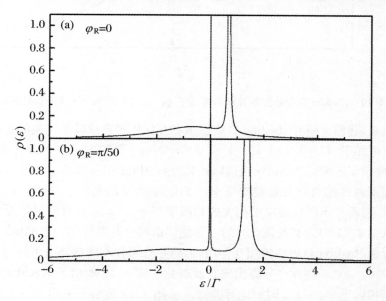

图 4.9　总态密度随电子能级的变化

注:参数选择与图 4.8 相同。

增加 Rashba 自旋轨道相互作用强度,图 4.10(a)展示了 Rashba 自旋轨道相互作用相因子 $\varphi_R = \pi/10$ 时的体系电导能谱曲线。与 Rashba 自旋轨道相互作用相因子 $\varphi_R = \pi/50$ 时的电导能谱相比较,能够发现在能级 $\varepsilon = 0$ 位置处的尖锐的共振峰变成了 Fano 反共振峰。且在能级 $\varepsilon_0 + \sqrt{2}\,t$ 位置处的 Fano 共振峰变小,反振点的位置升高。当我们进一步增加 Rashba 自旋轨道相互作用强度,图 4.10(b)展示了 Rashba 自旋轨道相互作用相因子 $\varphi_R = \pi/4$ 时的体系电导能谱曲线。在能级 $\varepsilon = 0$ 位置处的尖锐的共振峰变成了 Fano 反共振峰。

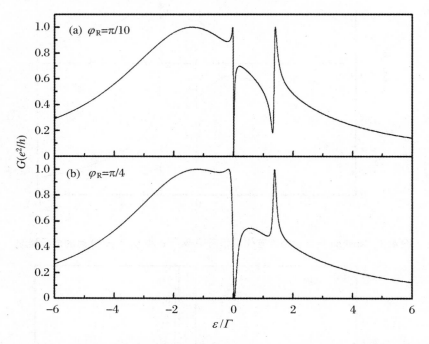

图 4.10　Rashba 自旋轨道相互作用相因子 $\varphi_R = \pi/10$ 和 $\varphi_R = \pi/4$ 时的电导能谱

接下来,我们来研究 Rashba 自旋轨道相互作用对自旋输运性质的影响。相关的参数取值如下:$U = 0$,$t_a = t_b = 1.0$,$\varphi = \pi/2$,$\varepsilon_0 = 0$ 和 $\Gamma_3^{L,R} = 0.01$。为了比较,图 4.11 展示了不考虑 Rashba 自旋轨道相互作用的情况,即 $\varphi_R = 0$。从电导能谱中能够观察到自旋向上与自旋向下电子的电导能谱是完全重合的。这是因为当 $\varphi_R = 0$ 时,与两种不同自旋电子相关的相因子有 $\varphi_\uparrow = \varphi_\downarrow$,这导致电导是与自旋无关的。从图 4.11 中能够发现此时的电导能谱由两个共振峰和一个 Fano 峰组成。

当考虑 Rashba 自旋轨道相互作用时,将导致两种不同自旋电子的与自旋相关的相因子 $\varphi_\uparrow \neq \varphi_\downarrow$,因此电导将出现自旋极化。图 4.12 展示了 Rashba 自旋轨道相互作用相因子 $\varphi_R = \pi/2$ 时的电导能谱。从图 4.12 能够发现自旋向上和自旋向下电子的电导曲线是完全不同的,这意味着电导是自旋极化的。此外,从电导能谱中能够发现自旋向上电子的能谱曲线是与图 4.11 所展示的电导能谱曲线是相似的。而自旋向下电子的电导能谱则展示了与自旋向上电子电导能谱曲线完全不同的三个共振峰。

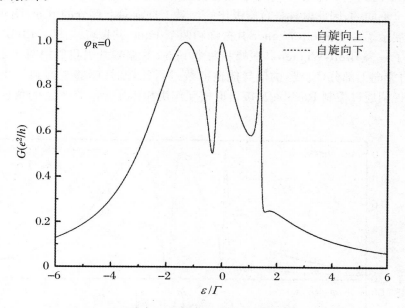

图 4.11 不考虑 Rashba 自旋轨道相互作用时的电导曲线

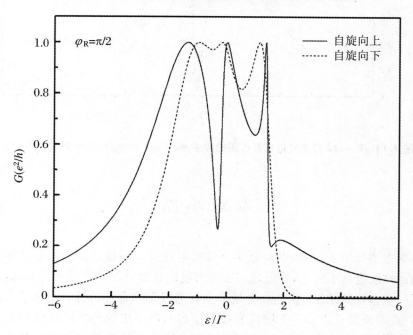

图 4.12 Rashba 自旋轨道相互作用相因子 $\varphi_R = \pi/2$ 时的自旋相关的电导能谱

  图 4.13(a)和(b)分别展示了 Rashba 自旋轨道相互作用相因子为 $\varphi_R = \pi/4$ 和 $\varphi_R = 9\pi/4$ 时的电导能谱,从中能够发现自旋向上和自旋向下电子的电导能谱曲线也是完全不同的,因此电导是自旋极化的。对于自旋向上部分的电导,图 4.13(a)中实线展示了一个 Breit-Wigner 共振峰和两个 Fano 共振峰。图 4.13(b)中实线也展示了一个 Breit-Wigner 共振峰和两个 Fano 共振峰。当我们把图 4.13(a)和(b)中自旋向上部分(实线)的电导能谱曲线进行比较时,能够观察到一个翻转效应。这说明通过控制 Rashba 自旋轨道相互作用相因子 φ_R,量子态的角色能够进行交换。

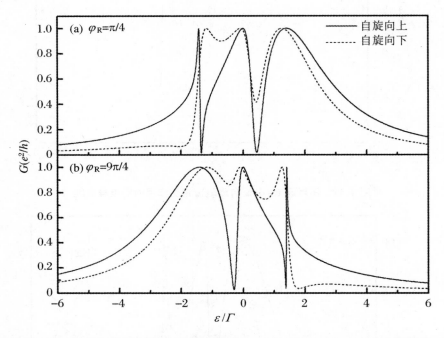

图 4.13 Rashba 自旋轨道相互作用相因子 $\varphi_R = \pi/4$ 和 $\varphi_R = 9\pi/4$ 时的电导能谱

本 章 小 结

  本章主要介绍了三 Rashba 量子点体系电荷及自旋输运性质。分三种情况对电荷输运性质进行了讨论,并通过态密度对输运的数值结果进行了物理解释,从中获得了一些重要的结果:① 当一个量子点与电极无耦合且与另一个量子点间为弱耦合时(此时该量子点为一个侧向悬挂量子点),两个尖锐的共振峰分别出现在电导能谱中能级 $\varepsilon = \varepsilon_0$ 和 $\varepsilon = \varepsilon_0 + U$ 的位置,在体系电导能谱中除了这两个尖锐共振峰以外的其他电导峰展示了与平行耦合双 Rashba 量子点体系完全相同的电导峰;随着悬挂量子点与相邻量子点间耦合强度的增强,两个尖锐的共振峰转变成两个 Fano 共振峰;当两者耦合强度足够大时,这两个 Fano 共振峰又转变成两个共振峰,与此同时处于反键能级($\varepsilon_0 + t_a$)和与之相应的库仑阻塞区域位置处的两个 Fano 共振峰也转变成两个共振峰。一个有趣的现象是,只要悬挂量子点与相邻量子点之间有耦合,与平行耦合双 Rashba 量子点体系的电导能谱相比较,处于反键能级及与之相应的库仑阻塞区域位置处的反共振点消失,即电子通过体系的量子相消干涉被破坏。② 当一个量子点仅与两个电极耦合时(设两者耦合强度为 $\Gamma_3^{\mathrm{L,R}}$),与平行耦合双 Rashba 量子点体系电导能谱比较发现两个新的 Fano 共振峰出现在电导能谱中。随着耦合强度 $\Gamma_3^{\mathrm{L,R}}$ 的增强,两个新的 Fano 共振峰转变成两个共振峰。能够发现:无论 $\Gamma_3^{\mathrm{L,R}}$ 如何变化,位于成键、反键能级和与之相对应的库仑阻塞区域位置处的两个 Breit-Wigner 共振峰和两个 Fano 反共振峰总是保持不变的。③ 当三个量子点耦合为线形结构,且三个量子点都与电极耦合时,两个新的 Fano 共振峰也被观察到。在该结构中电子通过体系的量子干涉变得更加复杂,这使得体系电导能谱没有展示出与平行耦合双 Rashba 量子点体系电导能谱相同的部分。此外,Rashba 自旋轨道相互作用对体系的自旋传输也起到重要的作用。当考虑 Rashba 自旋轨道相互作用时,体系电导是自旋极化的。通过控制自旋轨道相互作用相因子 φ_R,量子态的角色能够交换。

第5章 耦合三量子点环体系电荷输运

近几年,不同构型的三量子点体系的电荷输运特性被广泛研究[42-48],Chiappe 等[44]对在一个中心量子点两侧各悬挂一个量子点的线形三量子点结构进行了实验研究,结果表明该系统可以作为一个量子门。李玉现[45]研究了在应用电场作用下通过一个三臂 AB 干涉仪的 Fano 共振。Vernek 等[46]对线形三量子点结构进行了研究,从中发现两个侧面耦合量子点的准共振态导致了 Dicke 效应,这种效应能够对相互作用量子点的 Kondo 效应产生重要的影响。Tanamoto 等[47]对中心量子点一侧悬挂两个量子点体系的 Fano-Kondo 效应进行了理论研究,此三量子点器件为读出量子比特态提供了一种新方法。白龙等[48]对三角形三量子点环结构进行了研究,模型中仅一个量子点同时与左右两个电极耦合。在对其超电流的研究中发现,超电流的符号能够随着自旋翻转散射强度的增强而由正号变为负号,且可以通过调节系统结构参数(例如,门压或点间耦合强度),调制超电流。而人们在各种耦合三量子点结构的研究中,对于三量子点环中三个量子点同时与左右电极耦合的研究还很少。本书对存在更多费曼通道的耦合三量子点环体系的电荷输运性质进行研究,期望得到有意义的输运特性。

5.1 耦合三量子点环体系理论模型

3 个量子点两两耦合形成一个量子点环,并且每个量子点都与上下两个电极耦合,构型如图 5.1 所示,假定在每个量子点中电子只有一个自旋简并的能级。

体系的哈密顿量能够被描述成

$$H_{\text{total}} = H_{\text{lead}} + H_{\text{dots}} + H_{\text{T}} \tag{5.1}$$

右边第一项 H_{lead} 描述了在无相互作用准粒子近似下的电极:

$$H_{\text{lead}} = \sum_{k,\sigma} \sum_{\beta=\text{U,D}} \varepsilon_{k\beta} C_{k\beta\sigma}^+ C_{k\beta\sigma} \tag{5.2}$$

式中,$\varepsilon_{k\beta}$ 为电极 β 中波矢为 k 的电子能级;$C_{k\beta\sigma}^+$($C_{k\beta\sigma}$)为电极 β 中波矢为 k 自旋为 σ 的电子产生(湮灭)算符。

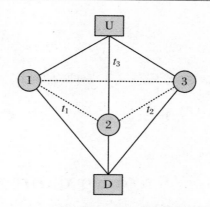

图 5.1 耦合三量子点环体系的示意图

方程(5.1)右边第二项描述了三量子点体系的贡献：

$$H_{\text{dots}} = \sum_{j\sigma} \varepsilon_{j\sigma} d_{j\sigma}^+ d_{j\sigma} - \sum_{\sigma} (t_1 d_{1\sigma}^+ d_{2\sigma} + t_2 d_{2\sigma}^+ d_{3\sigma} + t_3 d_{1\sigma}^+ d_{3\sigma} + \text{H.c.}) \quad (5.3)$$

式中，$\varepsilon_{j\sigma}$ 为量子点 j 中自旋为 σ 的电子能级；$t_1(t_2, t_3)$ 为量子点 1(2,3) 和量子点 2(3,1) 之间的隧穿耦合强度；$d_{j\sigma}^+ (d_{j\sigma})(j=1,2,3)$ 为量子点 j 中自旋为 σ 的电子产生(湮灭)算符；H.c. 为前面所有算符的复共轭。

在方程(5.1)中最后一项 H_{T} 描述了量子点与电极之间的电子隧穿：

$$H_{\text{T}} = \sum_{j} \sum_{k,\sigma} \sum_{\beta=\text{U,D}} (t_{\beta j\sigma} C_{k\alpha\sigma}^+ d_{j\sigma} + \text{H.c.}) \quad (5.4)$$

这里，$t_{\beta j\sigma}$ 描述了点-电极隧穿耦合，它被假定是与 $\boldsymbol{k}$ 无关的。为了简化，$t_{\beta j\sigma}$ 具有下面的形式：

$$t_{\beta j\sigma} = |t_{\beta j}| \quad (j=1,2,3) \quad (5.5)$$

定义线宽矩阵元

$$\Gamma_{ij\sigma}^{\beta} = 2\pi \sum_{k} t_{\beta i\sigma} t_{\beta j\sigma}^* \delta(\varepsilon - \varepsilon_{k\beta}) \quad (5.6)$$

并且矩阵 $\boldsymbol{\Gamma}^{\beta}$ 能够被写为

$$\boldsymbol{\Gamma}_{\sigma}^{\text{U}} = \begin{pmatrix} \Gamma_1^{\text{U}} & \sqrt{\Gamma_1^{\text{U}}\Gamma_2^{\text{U}}} & \sqrt{\Gamma_1^{\text{U}}\Gamma_3^{\text{U}}} \\ \sqrt{\Gamma_1^{\text{U}}\Gamma_2^{\text{U}}} & \Gamma_2^{\text{U}} & \sqrt{\Gamma_2^{\text{U}}\Gamma_3^{\text{U}}} \\ \sqrt{\Gamma_1^{\text{U}}\Gamma_3^{\text{U}}} & \sqrt{\Gamma_2^{\text{U}}\Gamma_3^{\text{U}}} & \Gamma_3^{\text{U}} \end{pmatrix} \quad (5.7a)$$

和

$$\boldsymbol{\Gamma}_{\sigma}^{\text{D}} = \begin{pmatrix} \Gamma_1^{\text{D}} & \sqrt{\Gamma_1^{\text{D}}\Gamma_2^{\text{D}}} & \sqrt{\Gamma_1^{\text{D}}\Gamma_3^{\text{D}}} \\ \sqrt{\Gamma_1^{\text{D}}\Gamma_2^{\text{D}}} & \Gamma_2^{\text{D}} & \sqrt{\Gamma_2^{\text{D}}\Gamma_3^{\text{D}}} \\ \sqrt{\Gamma_1^{\text{D}}\Gamma_3^{\text{D}}} & \sqrt{\Gamma_2^{\text{D}}\Gamma_3^{\text{D}}} & \Gamma_3^{\text{D}} \end{pmatrix} \quad (5.7b)$$

这里，Γ_j^{β} 是 $\Gamma_{jj}^{\beta}(j=1,2,3)$ 的缩写形式。

同时使用 Dyson 方程和每个格林函数的运动方程，推迟和超前格林函数能够被写为

$$G_\sigma^r(\varepsilon) = (G_\sigma^a(\varepsilon))^+$$

$$= \begin{bmatrix} \varepsilon - \varepsilon_{1\sigma} + \dfrac{i}{2}(\Gamma_{11\sigma}^U + \Gamma_{11\sigma}^D) & t_1 + \dfrac{i}{2}(\Gamma_{12\sigma}^U + \Gamma_{12\sigma}^D) & t_3 + \dfrac{i}{2}(\Gamma_{13\sigma}^U + \Gamma_{13\sigma}^D) \\[2mm] t_1 + \dfrac{i}{2}(\Gamma_{21\sigma}^U + \Gamma_{21\sigma}^D) & \varepsilon - \varepsilon_{2\sigma} + \dfrac{i}{2}(\Gamma_{22\sigma}^U + \Gamma_{22\sigma}^D) & t_2 + \dfrac{i}{2}(\Gamma_{23\sigma}^U + \Gamma_{23\sigma}^D) \\[2mm] t_3 + \dfrac{i}{2}(\Gamma_{31\sigma}^U + \Gamma_{31\sigma}^D) & t_2 + \dfrac{i}{2}(\Gamma_{32\sigma}^U + \Gamma_{32\sigma}^D) & \varepsilon - \varepsilon_{3\sigma} + \dfrac{i}{2}(\Gamma_{33\sigma}^U + \Gamma_{33\sigma}^D) \end{bmatrix}^{-1}$$

$$\tag{5.8}$$

在零温条件下,电导能够写出

$$G_\sigma(\varepsilon_F) = \frac{e^2}{h} \mathrm{Tr} \left[G_\sigma^a(\varepsilon) \Gamma_\sigma^D G_\sigma^r(\varepsilon) \Gamma_\sigma^U \right] \Big|_{\varepsilon = \varepsilon_F} \tag{5.9}$$

这里,ε_F 是电极中电子的费米能级。

5.2 量子点能级和 Fano 效应

利用上面获得的公式,能够数值计算体系的基本输运特性。在数值分析中,假定 $\Gamma_1^\beta = \Gamma_2^\beta = \Gamma_3^\beta = \Gamma(\beta \in U, D)$,并将 Γ 作为能量单位。

本节考虑对称隧穿耦合($t_1 = t_2 = t_3 = t$)时,3 个量子点能级的不同取值对电荷输运性质的影响。为了对比,图 5.2 首先给出了 3 个量子点能级取相同数值 $\varepsilon_{j\sigma} = 0 (j = 1, 2, 3)$,且点间耦合强度 t 取 3 个不同数值时,电导随电子能级的关系曲线。当点间耦合强度 $t = 0$ 时(见图 5.2 中实线),仅仅一个共振峰出现在电导能谱中量子点能级 $\varepsilon_{j\sigma} = 0$ 的位置。此时,体系中 3 个量子点能够被看作孤立的原子,电导峰是单量子点的原子能谱。在电导能谱中仅出现一个共振峰,这意味着能级存在简并。当 $t \neq 0$ 时(见图 5.2 中虚线和点线),电导能谱仍然给出了一个共振峰,同时共振峰出现在能级 $\varepsilon_{j\sigma} + 2t$ 的位置。当 $t \neq 0$ 时,3 个量子点之间发生耦合而形成了一个人造分子,共振是分子能级的能谱。由于我们设计的模型在空间是完全对称的,量子点 1、2 和 3 是完全等价的,这导致了 3 个分子态的简并,因此在电导能谱中仅展示了一个电导峰。能够从中发现当量子点能级和点间隧穿耦合强度分别取相同数值时,体系总是存在简并的能级。图 5.3 和图 5.4 展示了量子点能级取值为 $\varepsilon_{1\sigma} = -1, \varepsilon_{2\sigma,3\sigma} = 0$ 时体系的电导能谱曲线。图 5.3 给出了 3 个量子点之间无耦合时电导随电子能级的变化曲线,在这种情况下,由于量子点 2 与量子点 3 是等价的,体系仍然存在部分简并的能级。因此,电导能谱给出了两个峰。当 $t = 0$ 时,3 个量子点能够被看作孤立的原子。如图 5.3 所示,两个共振峰分别位于原子能级 $\varepsilon = -1$ 和 $\varepsilon = 0$ 的位置,并且能够发现一个电导凹陷出现在两个共振峰之间。同时能够观察到右边的共振峰比左边的共振峰宽。一旦考虑量子点之间的隧穿耦合,3 个量子点耦合成一个分子。分子的共振能级被重整化,一些有趣的结果能够被发现,图 5.4 中实线和虚线分别对应量子点间耦合强度为 $t = 0.5$ 和 $t = 3.0$ 时的电导能谱。当 $t = 0.5$ 时(见图 5.4 中实线),与量子点间无耦合的电导曲线对比能够发现两个电导峰向相反的方向移动,同时能够发现右边的共振峰变宽,而左边的峰变窄且转变成了 Fano 反共振峰。也能够发现 Fano 凹陷的位置向左发生了移动。当量子点间耦合强度进一步增强时,即 $t = 3.0$,两个电导峰继续向相反的方向远离。从中能够发现右边的共振峰宽度变得更宽,而左边的峰演变成了尖锐的 Fano 反共振峰。Fano 凹陷的位置也继续向左移动。比较图 5.3 与图5.4 所示的电导能谱曲线,能够发现:随着量子点间耦合强度的增强,在电导能谱中右边的峰向右侧移动伴随着宽度变宽,然而左边的峰向左移动且演变成一个Fano 反共振峰,同时伴随着线宽变窄。此外,电导凹陷演变成一个 Fano 凹陷。

　　图 5.5 和图 5.6 展示了量子点能级取值为 $\varepsilon_{1\sigma} = -1$,$\varepsilon_{2\sigma} = 0$,$\varepsilon_{3\sigma} = 1$ 时体系的电导能谱曲线。图 5.5 给出量子点之间无耦合时电导随电子能级的变化曲线,电导能谱给出了 3 个共振峰。我们考虑在 3 个量子点能级互不相同时,所有的量子点不再是等价的,这导致简并能级的完全劈裂。当 $t = 0$ 时,3 个共振峰分别出现在孤立的原子能级的位置,即 $\varepsilon = -1, 0, +1$。再者,能够从电导能谱中发现 3 个共振峰关于能级 $\varepsilon = 0$ 保持镜像对称。当 $t = 0.5$ 时(见图 5.6 中实线),与量子点间无耦合时电导能谱曲线相对比,能够发现:最右边的共振峰向右移动且线宽变宽,左边的两个共振峰向左移动且线宽变窄;最左边的共振峰演变成了 Fano 反共振峰。如果 t 足够大,即 $t = 3$(见图 5.6 中虚线),最右边的共振峰继续向右移动且宽度变宽,而左边的两个共振峰演变成两个典型的 Fano 反共振峰且它们的线形是相似的。从上面的分析能够看出对于 3 个量子点能级互不相同的量子点,3 个分子态总是对电导有贡献。

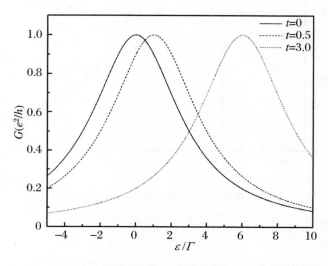

图 5.2　点间耦合强度取不同数值时电导随电子能级的变化

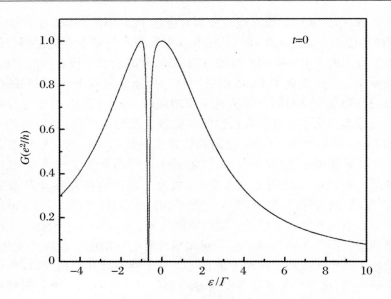

图 5.3　量子点能级取不同数值时电导随电子能级的变化

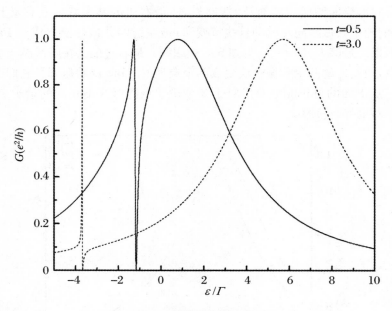

图 5.4　电导随电子能级的变化

注：实线代表 $t=0.5$；虚线代表 $t=3.0$。

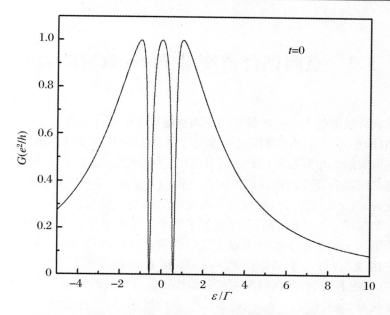

图 5.5　3 个量子能级分别取不同数值时电导随电子能级的变化

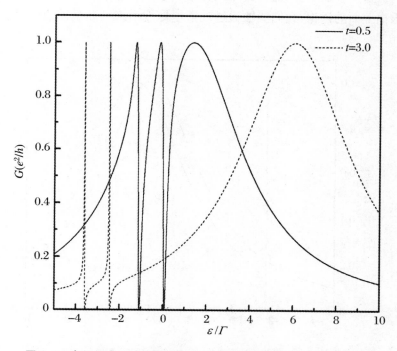

图 5.6　点间耦合强度分别取 0.5 和 3.0 时电导随电子能级的变化

5.3　点间耦合强度对 Fano 效应的影响

点间耦合强度的大小能够通过门压调整隧穿垒的高度和厚度来进行调节。图 5.7(a) 和 (b) 展示了点间隧穿耦合强度处于不同匹配情况下体系的电导。这里 3 个量子点能级取为相同数值,即 $\varepsilon_{1\sigma(2\sigma,3\sigma)} = 0$。为了比较,图 5.7(a) 中实线给出了 3 个量子点之间耦合强度取相同数值时体系的电导能谱,能够发现仅仅一个共振峰出现在能级 $\varepsilon_{j\sigma} + 2t$ 的位置,这与上节讨论的结果是一致的。我们考虑一种情况: 量子点 1 与量子点 2 之间的耦合强度等于量子点 2 与量子点 3 之间耦合强度,它们的取值不同于量子点 1 与量子点 3 之间的耦合强度,也就是 $t_1 = t_2 \neq t_3$。如图 5.7(a) 中虚线所示,一个共振峰和一个 Fano 反共振峰出现在电导能谱中。与 $t_{1,2,3} = 2.0$ 情况相比较,共振峰向右移动而线宽没有明显地变化。若 3 个量子点间耦合强度均不相同,即 $t_1 \neq t_2 \neq t_3$,如图 5.7(b) 所示,量子点能级 $\varepsilon_{1\sigma(2\sigma,3\sigma)} = 0$。一个共振峰和两个 Fano 反共振峰出现在电导能谱中,且两个 Fano 反共振峰的线形是相似的。这里,Fano 反共振峰的出现,源于电子通过不同路径时电子波的量子干涉。根据上面的讨论,我们能够通过观察电导能谱来判断量子点间耦合强度的匹配情况。

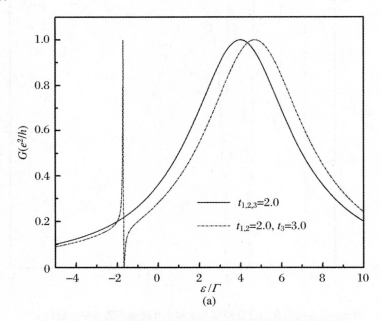

图 5.7　点间耦合强度取不同数值时电导随电子能级的变化

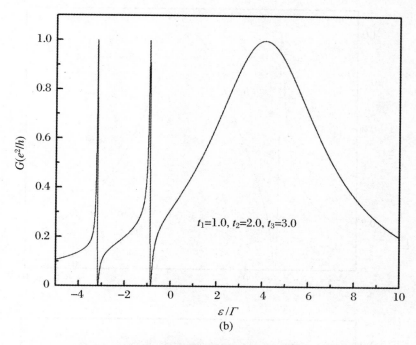

(b)

图 5.7　点间耦合强度取不同数值时电导随电子能级的变化(续)

　　图 5.8(a)与(b)展示了 3 个量子点能级中有一个量子点能级取值不同于另外两个量子点能级(即 $\varepsilon_{1\sigma} = -1$, $\varepsilon_{2\sigma,3\sigma} = 0$),且点间耦合强度处于不同匹配情况时体系的电导能谱曲线。当点间耦合强度为 $t_{1,3} = 1.0$, $t_2 = 2.0$ 时,如图 5.8(a)所示,电导能谱由一个共振峰和一个 Fano 反共振峰组成。在电导能谱中只出现两个共振峰,这意味着能级存在简并。主要原因是当量子点能级 $\varepsilon_{2\sigma} = \varepsilon_{3\sigma}$ 且点间耦合强度 $t_1 = t_3$ 时,支路(量子点 1—量子点 2)与支路(量子点 1—量子点 3)是等价的,这使得量子点 2 与量子点 3 是完全等价的,因此,在电导能谱中出现了简并的能级。图 5.8(b)给出了 $t_{1,2} = 1.0$, $t_3 = 2.0$ 情况下的电导能谱,能够发现电导能谱由一个共振峰和两个 Fano 反共振峰组成,这意味着此时体系中不存在简并的能级。我们考虑当 $\varepsilon_{1\sigma} \neq \varepsilon_{2\sigma,3\sigma}$ 且点间耦合强度 $t_{1,2} \neq t_3$ 时,即使点间耦合强度 $t_1 = t_2$ 但量子点 1 的能级不同于量子点 2、3 的能级,这使得支路(量子点 1—量子点 2)与支路(量子点 2—量子点 3)是不等价的,因此,在电导能谱中出现了 3 个电导峰。

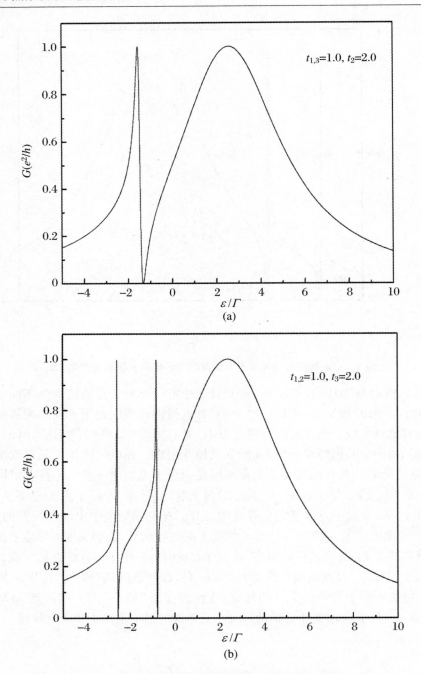

图 5.8　点间耦合强度的不同取值对电导的影响

本 章 小 结

　　本章使用非平衡格林函数技术,对耦合三量子点环体系电荷输运性质进行了研究。① 当量子点之间对称隧穿强耦合时,3 个量子点能级的不同取值对体系的电导呈现如下的特征:当耦合三量子点环体系中有一个量子点能级取值不同于另外两个相同的量子点能级时,一个 Fano 反共振峰出现在电导能谱中;当耦合三量子点环体系中 3 个量子点能级互不相同时,两个 Fano 反共振峰出现在电导能谱中;当 3 个量子点能级取相同数值时,Fano 反共振峰消失而在电导能谱中仅出现一个共振峰。② 当 3 个量子点的能级取相同数值时,3 个量子点间耦合强度的不同取值对体系的电导影响体现为:当在 3 个量子点间耦合强度中仅有一个取值不同时,一个 Fano 反共振峰出现在电导能谱中;当 3 个量子点间耦合强度互不相同时,两个 Fano 反共振峰出现在电导能谱中。此时,Fano 效应源于电子通过不同路径时电子波的量子干涉。通过观察电导能谱可以判断体系量子点间耦合强度的匹配情况。

第6章 四端六量子点桥电输运性质研究

众所周知,纳电子器件中的信号是由1个电子运动产生的,实际上为了实现量子信息的传递,需要将每个单量子点耦合起来。其中较为容易实现的是耦合量子点体系,由多个耦合单量子点构成的耦合量子点线已被人们广泛研究。在早些时候,人们就开始对一维线性耦合量子点线体系的电输运性质进行了研究。并且从中发现了许多有意义的结果。例如,人们研究了一维有限量子点线的电输运特性[49],实验表明系统的电导随着栅极电压的变化表现出振荡的特性。南京大学的L. W. Yu等在室温下对一个单层的量子点线进行了实验研究,并观察到了在量子点线中发生的单电子效应的集体行为[50]。处在强磁场下的量子点线的隧穿性质也已经被V. Moldoveanu等研究[51]。但这些研究都局限于对两端体系输运性质的研究。

而最近,越来越多的人开始研究由3个或者多个电极相连构成的耦合量子点体系中的多端体系电子输运问题[52-53]。例如,理论上已经证明了通过加上一个耦合较弱的第三个电极,测量通过这个附加电极的电导率能够直接测量局域态密度的劈裂[54]。人们已经研究了 n 个电极体系的电导率,并发现当体系处于平衡态时Kondo峰分裂成 $n-1$ 个[55]。本章将研究量子点线与4个电极相连而形成的四终端体系的电输运性质。首先给出紧束缚模型下的体系哈密顿量,通过输入端电极里电子数随时间变化的平均值写出流经体系的电流表达式。结合格林函数的运动方程以及Dyson方程最终确定通过体系的电流。进行数值计算并给出透射随电子能级以及体系电导率随输入端费米能级的变化关系,从而确定体系内部的电子态。

6.1 模型哈密顿量

首先,假定有两个均由3个量子点构成的量子点线,这两个量子点线可以通过每个量子点线的中间量子点而耦合起来。下面将对这两个量子点线分别和4个电极相连而形成的四终端电输运性质进行系统研究,模型如图6.1所示。这里仅考虑一端输入三端输出的情况。这种简单结构的研究是进一步研究由任意一个量子点构成的复杂量子点线系统的基础。

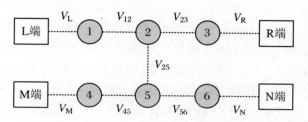

图 6.1　四端六量子点桥模型示意图

根据紧束缚近似,整个系统的哈密顿量可以写为

$$H = \sum_{k,\alpha \in L,R,M,N} \varepsilon_{k\alpha} C_{k\alpha}^+ C_{k\alpha} + \sum_{i=1}^6 \varepsilon_i^0 d_i^+ d_i + \left(\sum_k V_L C_{kL}^+ d_1 + \sum_k V_R C_{kR}^+ d_3 \right.$$

$$\left. + \sum_k V_M C_{kM}^+ d_4 + \sum_k V_N C_{kN}^+ d_6 + \sum_{i=1(\neq 3)}^5 V_{i,i+1} d_i^+ d_{i+1} + V_{25} d_2^+ d_5 + H.c. \right)$$

$$\tag{6.1}$$

其中,$C_{k\alpha}^+ (C_{k\alpha})$ 为第 α 电极中电子的产生(湮灭)算符;$d_i^+ (d_i)$ 为第 i 个量子点中电子的产生(湮灭)算符;$\varepsilon_{k\alpha} (\alpha = L, R, M, N)$ 为电极中单电子能级;$\varepsilon_i^0 (i = 1, 2, 3, 4, 5, 6)$ 为第 i 个量子点中单电子能级;为了简便,不同自旋电子的能级是简并的,略去了自旋标记。$V_\alpha (\alpha = L, R, M, N)$ 为电极与量子点之间的耦合系数,$V_{i,i+1}$ 为第 i 个量子点和第 $i+1$ 个量子点之间的耦合系数。H.c. 为前面所有算符的复共轭。

6.2　电流表达式的推导

为了描述体系的非平衡态,我们引入如下三个格林函数:

$$G_{i,i}^r(t, t') = -i\theta(t - t')\langle\{d_i(t), d_i^+(t')\}\rangle \tag{6.2}$$

$$G_{i,i}^a(t, t') = i\theta(t - t')\langle\{d_i(t), d_i^+(t')\}\rangle \tag{6.3}$$

$$G_{i,i}^<(t, t') = i\langle d_i^+(t'), d_i(t)\rangle \tag{6.4}$$

从电极 L 通过耦合势垒隧穿至整个体系的隧穿电流等于电极 L 中的电子数 N_L 的变化率:

$$J_L = -e\langle \dot{N}_L \rangle = -\frac{ie}{\hbar}\langle [H, N_L] \rangle \tag{6.5}$$

将哈密顿量的表达式(6.1)代入,容易得到

$$J_L = \frac{e}{\hbar}\sum_k \int [V_L G_{1,kL}^<(t, t') - V_L^* G_{kL,1}^<(t, t')]d\omega \tag{6.6}$$

其中我们定义了两个关联格林函数：

$$G^<_{1,k\mathrm{L}}(t,t') \equiv \mathrm{i}\langle C^+_{k\mathrm{L}}(t)d_1(t')\rangle \tag{6.7}$$

$$G^<_{k\mathrm{L},1}(t,t') \equiv \mathrm{i}\langle d^+_1(t')C_{k\mathrm{L}}(t)\rangle \tag{6.8}$$

这里我们仅考虑稳定状态，格林函数仅依赖于时间的差值 $\Delta t = t - t'$。通过对 $G_{i,i}(t-t')$ 中的 $\Delta t = t - t'$ 进行傅里叶变换，我们可以得到 $G_{ii}(\omega)$。我们利用格林函数 Dyson 方程进一步改写电流的表达式。根据

$$G^<_{1,k\mathrm{L}}(\omega) = V^*_\mathrm{L} G^r_{11}(\omega) g^<_{k\mathrm{L}}(\omega) + V^*_\mathrm{L} G^<_{11}(\omega) g^a_{k\mathrm{L}}(\omega) \tag{6.9}$$

$$G^<_{k\mathrm{L},1}(\omega) = V_\mathrm{L} g^r_{k\mathrm{L}}(\omega) G^<_{11}(\omega) + V_\mathrm{L} g^<_{k\mathrm{L}} G^a_{11}(\omega) \tag{6.10}$$

其中，$g^{r,a,<}_{k\mathrm{L}}(\omega)$ 为电极 L 中的自由电子格林函数，分别定义为 $g^<_{k\mathrm{L}}(\omega) = 2\pi\mathrm{i} f_\mathrm{L}(\omega)$ $\cdot \delta(\omega - \varepsilon_{k\mathrm{L}})$ 和 $g^r_{k\mathrm{L}}(\omega) = g^{a*}_{k\mathrm{L}}(\omega) = \dfrac{1}{\omega - \varepsilon_{k\mathrm{L}} + \mathrm{i}\eta}$ （这里，$f_\alpha(\omega)$ 是电极 α 的费米分布函数，它由 $f_\alpha(\omega) = (\mathrm{e}^{\beta(\hbar\omega - \mu_\alpha)} + 1)^{-1}$ 给出，其中，$\beta = 1/kT$，μ_α 为电极 α 的化学势）。

通过上面的式子，电流表达式(6.6)可以化简为

$$J_\mathrm{L} = \frac{e}{h}|V_\mathrm{L}|^2 \sum_k \int \mathrm{d}\omega \{ G^<_{11}(\omega)[g^a_{k\mathrm{L}}(\omega) - g^r_{k\mathrm{L}}(\omega)]$$

$$+ g^<_{k\mathrm{L}}(\omega)[G^r_{11}(\omega) - G^a_{11}(\omega)]\} \tag{6.11}$$

又因为 $g^a_{k\mathrm{L}}(\omega) - g^r_{k\mathrm{L}}(\omega) = 2\pi\mathrm{i}\delta(\omega - \varepsilon_{k\mathrm{L}})$，则可得到电流的最终表达式：

$$J_\mathrm{L} = \frac{2\mathrm{i}e}{h} \int \mathrm{d}\omega \Gamma^\mathrm{L}(\omega)\{ G^<_{11}(\omega) + f_\mathrm{L}(\omega)[G^r_{11}(\omega) - G^a_{11}(\omega)]\} \tag{6.12}$$

这里，我们定义 $\Gamma^\mathrm{L}(\omega) = 2\pi \sum_k |V_\mathrm{L}|^2 \delta(\omega - \varepsilon_{k\mathrm{L}})$，而因子"2"是因为考虑了电子的自旋而引入的。

在本书中，格林函数 $G_{ii}(\omega)(i = 1,2,3,4,5,6)$ 就能够确定整个系统的输运性质。为了求解这些格林函数，我们需要同时应用 Dyson 方程和运动方程。

通过格林函数 $G_{ii}(\omega)$ 的运动方程我们能够得到以下方程式：

$$G^r_{11} = g^r_{11} + g^r_{11}\Sigma^r_\mathrm{L} G^r_{11} + g^r_{11}\Sigma_{12} G^r_{21} \tag{6.13}$$

$$G^r_{21} = g^r_{22}\Sigma_{21} G^r_{11} + g^r_{22}\Sigma_{23} G^r_{31} + g^r_{22}\Sigma_{25} G^r_{51} \tag{6.14}$$

$$G^r_{31} = g^r_{33}\Sigma_{32} G^r_{21} + g^r_{33}\Sigma_\mathrm{R} G^r_{31} \tag{6.15}$$

$$G^r_{41} = g^r_{44}\Sigma_{45} G^r_{51} + g^r_{44}\Sigma^r_\mathrm{M} G^r_{41} \tag{6.16}$$

$$G^r_{51} = g^r_{55}\Sigma_{56} G^r_{61} + g^r_{55}\Sigma_{25} G^r_{21} + g^r_{55}\Sigma_{45} G^r_{41} \tag{6.17}$$

$$G^r_{61} = g^r_{66}\Sigma_{56} G^r_{51} + g^r_{55}\Sigma^r_\mathrm{N} G^r_{61} \tag{6.18}$$

和

$$G^<_{11} = g^r_{11}(\Sigma^r_\mathrm{L} G^<_{11} + \Sigma^<_\mathrm{L} G^a_{11}) + g^r_{11}\Sigma_{12} G^<_{21} \tag{6.19}$$

$$G^<_{21} = g^r_{22}\Sigma_{12} G^<_{11} + g^r_{22}\Sigma_{23} G^<_{31} + g^r_{22}\Sigma_{25} G^<_{51} \tag{6.20}$$

$$G^<_{31} = g^r_{33}(\Sigma^r_\mathrm{R} G^<_{31} + \Sigma^<_\mathrm{R} G^a_{31}) + g^r_{33}\Sigma_{23} G^<_{21} \tag{6.21}$$

$$G^<_{41} = g^r_{44}(\Sigma^r_\mathrm{M} G^<_{41} + \Sigma^<_\mathrm{M} G^a_{41}) + g^r_{44}\Sigma_{45} G^<_{51} \tag{6.22}$$

$$G_{51}^< = g_{55}^r \Sigma_{45} G_{41}^< + g_{55}^r \Sigma_{25} G_{21}^< + g_{55}^r \Sigma_{56} G_{61}^< \tag{6.23}$$

$$G_{61}^< = g_{66}^r (\Sigma_N^r G_{61}^< + \Sigma_N^< G_{61}^a) + g_{66}^r \Sigma_{56} G_{51}^< \tag{6.24}$$

其中，$g_{ii}^r = (\omega - \varepsilon_i^0 + i\eta)^{-1}$ $(i = 1, 2, 3, 4, 5, 6)$ 是每个量子点的自由粒子格林函数，Σ_{ij} 代表第 i 个量子点和第 j 个量子点之间的自能，Σ_{ij} 也可记为 V_{ij}。此外，

$$\Sigma_L^{r,a,<}(\omega) = V_L^2 g_{kL}^{r,a,<}(\omega) \tag{6.25}$$

$$\Sigma_R^{r,a,<}(\omega) = V_R^2 g_{kR}^{r,a,<}(\omega) \tag{6.26}$$

$$\Sigma_M^{r,a,<}(\omega) = V_M^2 g_{kM}^{r,a,<}(\omega) \tag{6.27}$$

$$\Sigma_N^{r,a,<}(\omega) = V_N^2 g_{kN}^{r,a,<}(\omega) \tag{6.28}$$

分别为 L，R，M，N 电极和量子点 1、3、4、6 之间的隧穿相关自能项。$g_{kL}^{r,a,<}(\omega)$，$g_{kR}^{r,a,<}(\omega)$，$g_{kM}^{r,a,<}(\omega)$ 和 $g_{kN}^{r,a,<}(\omega)$ 分别对应 L，R，M 和 N 电极中的自由粒子格林函数，满足如下关系：

$$g_{kL(R,M,N)}^r(\omega) = (\omega - \varepsilon_{kL(R,M,N)}^0 + i\eta)^{-1} \tag{6.29}$$

$$g_{kL(R,M,N)}^<(\omega) = 2\pi i f_{L(R,M,N)}(\omega) \delta(\omega - \varepsilon_{kL(R,M,N)}^0) \tag{6.30}$$

方程 $(6.13) \sim (6.24)$ 形成了一个封闭的方程组，最后可得到关于格林函数 $G_{11}^r(\omega)$ 和 $G_{11}^<(\omega)$ 的表达式：

$$G_{11}^r(\omega) = \frac{1}{\omega - \varepsilon_1^0 - \sum\limits_k |V_L|^2 g_{kL}^r(\omega) - \dfrac{|V_{12}|^2}{P}} \tag{6.31}$$

这里

$$P = \omega - \varepsilon_2^0 - \frac{|V_{23}|^2}{\omega - \varepsilon_3^0 - \sum\limits_k |V_R|^2 g_{kR}^r(\omega)}$$

$$- \frac{|V_{25}|^2}{\omega - \varepsilon_5^0 - \dfrac{|V_{45}|^2}{\omega - \varepsilon_4^0 - \sum\limits_k |V_M|^2 g_{kM}^r(\omega)} - \dfrac{|V_{56}|^2}{\omega - \varepsilon_6^0 - \sum\limits_k |V_N|^2 g_{kN}^r(\omega)}}$$

$$G_{11}^<(\omega) = i\Gamma^L(\omega) f_L(\omega) |G_{11}^r(\omega)|^2 + i\Gamma^R(\omega) f_R(\omega) |G_{31}^r(\omega)|^2$$
$$+ i\Gamma^M(\omega) f_M(\omega) |G_{41}^r(\omega)|^2 + i\Gamma^N(\omega) f_N(\omega) |G_{61}^r(\omega)|^2 \tag{6.32}$$

其中，格林函数 $G_{31}^r(\omega)$，$G_{41}^r(\omega)$ 和 $G_{61}^r(\omega)$ 都能够通过计算表示成关于格林函数 $G_{11}^r(\omega)$ 的形式：

$$G_{31}^r(\omega) = \frac{V_{12} V_{23} G_{11}^r(\omega)}{P(\omega - \varepsilon_3^0 - \sum\limits_k |V_R|^2 g_{kR}^r)} \tag{6.33}$$

$$G_{41}^r(\omega) = \frac{V_{12} V_{25} V_{45} G_{11}^r(\omega)}{PQ(\omega - \varepsilon_4^0 - \sum\limits_k |V_M|^2 g_{kM}^r)} \tag{6.34}$$

$$G_{61}^r(\omega) = \frac{V_{12} V_{25} V_{56} G_{11}^r(\omega)}{PQ(\omega - \varepsilon_6^0 - \sum\limits_k |V_N|^2 g_{kN}^r)} \tag{6.35}$$

这里

$$Q = \omega - \varepsilon_5^0 - \frac{|V_{45}|^2}{\omega - \varepsilon_4^0 - \sum_k |V_M|^2 g_{kM}^r(\omega)} - \frac{|V_{56}|^2}{\omega - \varepsilon_6^0 - \sum_k |V_N|^2 g_{kN}^r(\omega)}$$

我们把(6.31)式和(6.32)式代入(6.12)式中,通过整理可以得到

$$J_L = \frac{2e}{h} \int d\omega \left[T_{LR}(f_L - f_R) + T_{LM}(f_L - f_M) + T_{LN}(f_L - f_N) \right] \quad (6.36)$$

这里,$T_{LR(LM,LN)}(\omega)$是电子从电子库 L 到电子库 R(M,N)的透射,它们分别等于

$$T_{LR}(\omega) = \Gamma^L(\omega)\Gamma^R(\omega) |G_{31}^r(\omega)|^2 \quad (6.37a)$$

$$T_{LM}(\omega) = \Gamma^L(\omega)\Gamma^M(\omega) |G_{41}^r(\omega)|^2 \quad (6.37b)$$

$$T_{LN}(\omega) = \Gamma^L(\omega)\Gamma^N(\omega) |G_{61}^r(\omega)|^2 \quad (6.37c)$$

6.3　透射随电子能级的变化关系

在宽带近似下,线宽函数 $\Gamma^\alpha(\omega)$($\alpha \in$ L,R,M,N)是一个与能量无关的常数,并且我们假定体系与每个电子库的耦合强度都相等(设 $\Gamma^{L(R,M,N)} = 0.5$)且 $\Gamma^L + \Gamma^R + \Gamma^M + \Gamma^N = 2\Gamma$,所有的量都将以 Γ 为单位。为了简化,每个电子库中的电子态密度均设为相同的数值。当电子库中的电子态密度始终保持不变时,$T(\omega)$ 与能量为 ω 的电子的透射成正比。因此,我们可以通过 $T(\omega)$-ω 曲线里透射峰的高度和宽度看出体系中不同的态对输运性质的贡献。

6.3.1　两个量子点线之间隧穿耦合强度对系统输运性质的影响

图 6.2 展示了在两个量子点线之间耦合强度大小(V_{25})取不同值时透射 $T(\omega)$ 随电子能级变化的情况。当 6 个量子点的单量子点能级全相同且 $\varepsilon_i^0 = 0$($i = 1,2,$ 3,4,5,6)时,从图中我们能看到:图 6.2 中对应的 $T_{LM}(\omega)$-ω 和 $T_{LN}(\omega)$-ω 图都给出了相同的结果。主要是因为从结构上来看第 4 个量子点和第 6 个量子点是完全等价的,因此,电子沿从电子库 L 到电子库 M 的路径通过系统与电子沿电子库 L 到电子库 N 的路径通过系统的概率完全是相同的。而对于 $T_{LR}(\omega)$-ω,我们能发现总有一个共振峰始终位于单量子点能级处($\varepsilon_i^0 = 0$),其他的 4 个峰对称分布在单量子点能级两侧。并且,处于单量子点能级处的共振峰的峰值为 1.0,这正是发生完全透射时的数值。同时在 $T_{LM}(\omega)$-ω 和 $T_{LN}(\omega)$-ω 图中,在单量子点能级处没有透射峰出现。从这个性质我们可以知道能量 $\omega = 0$ 的电子只能沿着从电子库 L 到电子库 R 的支路进行输运。我们能够发现,当 V_{25} 很小的时候,透射 $T_{LR}(\omega)$,

$T_{LM}(\omega)$ 和 $T_{LN}(\omega)$ 的概率和等于 1.0。而随着 V_{25} 的增大这 3 个支路发生透射的概率和将会变得越来越小(如图 6.2 中短画线和点画线所示),这主要是因为电子存在一定的概率反射回到 L 电子库。在最后我们可以发现:当 V_{25} 足够小的时候,$T_{LR}(\omega)$ 展示了近似等于线性的排列 3 个量子点线连接两个电子库的性质。

从每种发生透射的情况可以看出透射 $T(\omega)$ 的共振峰的数目并不等于系统中量子点的数目,因为我们的结构在空间上具有一定的对称性,如从电子库 L 到电子库 M 的支路和从电子库 L 到电子库 N 的支路是完全等价的。因此,当 V_{25} 足够大的时,对于 $T_{LR}(\omega)$ 由于量子点 4 和 6 的等价出现了 5 个峰;当我们考虑 $T_{LM}(\omega)$(或 $T_{LN}(\omega)$)时,因为从量子点 2 到电子库 R 的分支路和从量子点 5 到电子库 N(或电子库 M)的分支路是完全等价的,这将导致能级的简并,所以在 $T_{LM}(\omega)$ - ω 和 $T_{LN}(\omega)$ - ω 图中都只出现了 4 个峰。

对于 $T_{LM}(\omega)$ 和 $T_{LN}(\omega)$ 的 2 个态并不能确定图中的 2 个峰,同时 $T_{LR}(\omega)$ 的 3 个态也并不能确定图中的 3 个峰。然而,这 2 个或 3 个能级是否能够根据每个能级的宽度和相邻能级的距离的比例分离开来呢?从图中可以看到:随着量子点之间耦合的增强,对于 $T_{LM}(\omega)$ 或 $T_{LN}(\omega)$ 的共振峰都逐渐由 2 个变成了 4 个,同时 $T_{LR}(\omega)$ 的 3 个峰也变成了 5 个。

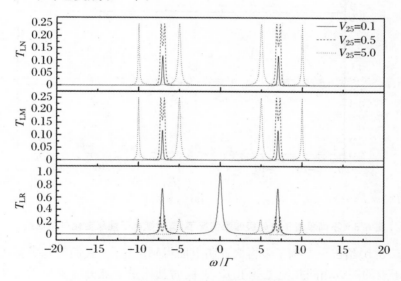

图 6.2　透射 $T(\omega)$ 随电子能级的变化曲线

6.3.2　单量子点能级匹配情况的影响

首先,固定量子点之间的耦合强度,改变单量子点能级。这在实验上可以很容易地通过调节每个量子点的栅极电压来实现。这里,将每个量子点之间的耦合强度都设为 5.0,然后将每个量子点线的中间两个量子点的能级设为相同的值使之都等于 5.0,同时将其他量子点的能级也设为相同使之都等于 0,即 $\varepsilon_{1,3,4,6}=0$,$\varepsilon_{2,5}=5.0$。这样可以得到如图 6.3(a)中虚线所示的能谱曲线。之后,我们将每个量子点线的中间两个量子点的能级设为相同使之都等于 0,与此同时把其他量子点的能级也设为相同使之都等于 5.0,即 $\varepsilon_{1,3,4,6}=5.0$,$\varepsilon_{2,5}=0$。这样将得到如图 6.3(a)中实线的图线。我们发现图中得到的分别用实线和虚线所表示的两个图完全关于 ε_1^0 和 ε_2^0 的和的一半处保持镜像对称,即 $\omega=2.5$。并且我们能够发现:在 $T_{\mathrm{LR}}(\omega)-\omega$ 中,在这两种变化情况下分别有一个最大峰出现在与电极相连量子点能级($\varepsilon_{1,3,4,6}$)大小的位置上,同时这个峰值等于 1.0(理想通道的数值)。这样,改变 $\varepsilon_{1,3,4,6}$ 和 $\varepsilon_{2,5}$ 的值就可以使这个最大峰出现在不同的位置,这一性质可以作为设计纳米量子开关的一个基本原理。

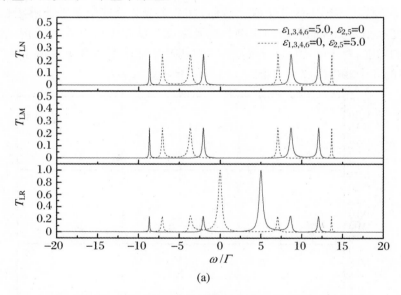

(a)

图 6.3　不同单量子点能级匹配情况下,透射随电子能级变化关系曲线 1

图 6.3(b)给出一个例子来再次证明上面得到的论点,我们设每个量子点线中间的量子点的能级相同并使之等于 10.0,同时其他量子点的能级也设为相同使之都等于 0,即 $\varepsilon_{1,3,4,6}=0$,$\varepsilon_{2,5}=10.0$;紧接着按照上面的做法交换这两个值,即 $\varepsilon_{1,3,4,6}=10.0$,$\varepsilon_{2,5}=0$。这样做之后我们会发现在图 6.3(b)中得到了与上面那种情况完全相同的性质。同时我们能看到在 $\varepsilon_{1,3,4,6}=0$,$\varepsilon_{2,5}=10.0$ 的情况下,在 $T_{\mathrm{LR}}(\omega)-\omega$ 中 $\omega=0$ 处出现了完全透射。而把这两组值交换一下,会发现原 $T_{\mathrm{LR}}(\omega)-\omega$ 中最大峰的高度变小,同时在 $T_{\mathrm{LM}}(\omega)-\omega$ 和 $T_{\mathrm{LN}}(\omega)-\omega$ 中相应位置处分别出现了一个峰。从这一点我们能够知道,调换两组值可以使能量 $\omega=0$ 的电子向下面量子点线进行传输。

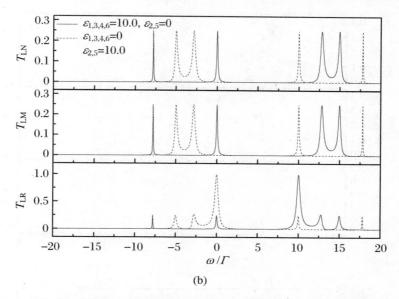

图 6.3　不同单量子点能级匹配情况下,透射随电子能级变化关系曲线 1(续)

6.3.3　体系能级简并的解除

上面的图 6.2 和图 6.3 中得到的峰的个数没有发生变化:$T_{LM}(\omega)$ 和 $T_{LN}(\omega)$ 仍出现了 4 个峰;$T_{LR}(\omega)$ 也仍是 5 个峰。主要是因为我们研究的体系仍然存在等价的支路。下面我们固定量子点之间的耦合强度并都设为 5.0,首先考虑 $\varepsilon_3^0 \neq \varepsilon_{1,2,4,5,6}^0$ 时的情况,这里设 $\varepsilon_3^0 = 5.0$,$\varepsilon_{1,2,4,5,6}^0 = 0$。我们能够从图 6.4(a) 中看到每个支路的透射都有 5 个共振峰,这是由于体系中的部分支路虽然不再等价,但第 4 个量子点和第 6 个量子点仍然是等价的,所以体系的简并能级只能部分解除简并。另外,与图 6.4 相对比可以看到 $T_{LR}(\omega)$ 出现的 5 个峰中仍有一个最大峰,但它的高度已不等于 1.0,并且位置已较图 6.4(a) 中的最大峰向右移动了一段距离。与此同时,在 $T_{LM}(\omega)$ 和 $T_{LN}(\omega)$ 中对应这个最大峰的位置处也分别出现一个峰。

紧接着我们考虑 $\varepsilon_3^0 = 4.5$,$\varepsilon_6^0 = 5.0$ 和 $\varepsilon_{1,2,4,5}^0 = 0$ 时的情况,这里仍然固定量子点之间的耦合强度并都设为 5.0。这时,由于 $\varepsilon_4^0 \neq \varepsilon_6^0$,$\varepsilon_3^0 \neq \varepsilon_6^0$ 并且 $\varepsilon_3^0 \neq \varepsilon_{1,2,4,5}^0$,所以体系的所有支路不再等价。因此,我们研究的量子点体系出现的简并能级完全解除简并。图 6.4(b) 给出了此时的数值结果,正如我们所预料的那样,能级的简并完全消除,体系中发生在每个支路上的透射都有 6 个峰。单量子点能级的不匹配导致 6 个共振峰值都小于 1。而且透射 $T_{LM}(\omega)$ 和 $T_{LN}(\omega)$ 不再相等并且都发生了很大的变化。

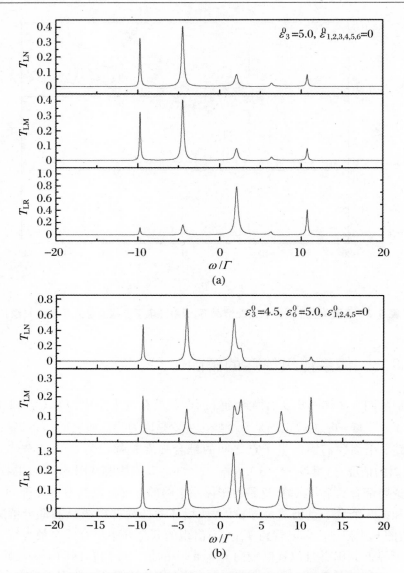

图6.4 不同单量子点能级匹配情况下,透射随电子能级变化关系曲线2

6.3.4 系统与电子库之间的耦合强度对系统输运 性质的影响

对于系统与4个电子库的耦合强度不相等的情况,我们这里研究的是 L 电子库与 M,N 和 R 电子库的耦合强度不相等的情况,即 $\Gamma^L = 1.4, \Gamma^{R(M,N)} = 0.2$ 时,与对称耦合的情况相对比(图6.3(a)),中间两个共振峰的高度同时降低很多,其他峰的高度也有很大变化,而其他的性质并不改变。由此可以看到,系统与电子库的耦合强度对系统的输运性质也有很大影响。

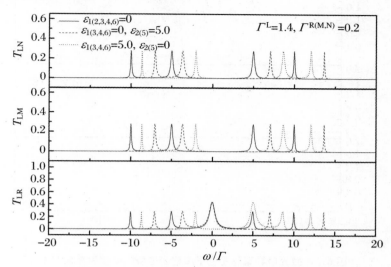

图 6.5　体系与电子库耦合强度不对称时,透射随电子能级变化关系曲线

6.4　微分电导率随输入端费米能级的变化关系曲线

描述体系输运性质的另外一个重要的参量是体系在有限偏压下的微分电导率。体系的量子化激发谱会导致微分电导率曲线中的一系列分立的峰;每当体系中的一个能级同电子库的费米能级相同时,电导率曲线就相应地出现一个电导峰。因此,微分电导曲线可以给出体系的能谱结构。这里在数值计算中我们设 $\mu_R = \mu_M = \mu_N = 0$。

在低温下(图 6.6),当量子点线之间的耦合较弱时,微分电导率只在单量子点费米能级 $\varepsilon_i^0 = 0$ 处有 3 个尖锐的峰;当量子点线之间的耦合足够强时,微分电导率曲线出现 5 个峰。而当温度较高时(图 6.7),微分电导率的峰变得不再尖锐了,而且有些甚至连续了。它们仍然以 ε_i^0 为中心对称分布,但每个峰都相应展宽。

正如我们所预料的那样,在低温下体系基本上处于库仑阻塞状态。当左边电子库的费米能级升高至一个较高的能级且恰好等于体系中的某个能级时,微分电导率曲线中对应出现一个尖峰,然而这也是受到量子点线之间的耦合强度的严格限制的。当温度升高时,体系的能级开始变得模糊甚至连续,这正是导致电导率展宽的原因。

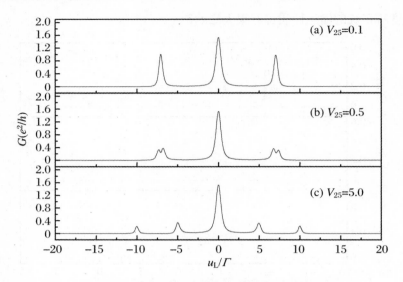

图 6.6　微分电导率随左电子库费米能级的变化关系曲线 1

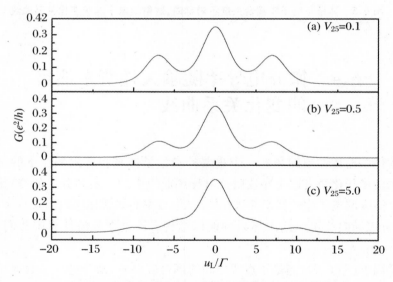

图 6.7　微分电导率随左电子库费米能级的变化关系曲线 2

注：除了 $1/kT=1$ 外，其他相关的参数都与图 6.6 的参数相同。

本 章 小 结

　　本章研究了两个三量子点线之间存在耦合并与 4 个电极相连结构的电输运性质。因为体系中两个量子点线是通过中间量子点耦合起来的，所以这两个点之间的耦合强度就起着重要的作用。因此,我们分别研究了在中间两个量子点之间的耦合强度取不同值时体系的透射以及微分电导率的变化关系。另外,我们利用非平衡格林函数的运动方程与 Dyson 方程推导出了通过这种体系的电流表达式,并进行了数值计算。具体结论如下:

(1) 随着两个量子点线的中间两个量子点之间耦合的增强,每个支路的共振峰开始逐渐地发生劈裂。如果用上面的量子点线来传输信息,那么共振峰的劈裂就意味着信号的严重失真。同时,从数值结果中可以看出能量 $\omega = 0$ 的电子只能沿着从电子库 L 到电子库 R 的支路进行输运。另外,我们发现当耦合足够小时,电子通过整个系统的性质近似等于线性的排列 3 个量子点线连接两个电子库的性质。

(2) 研究了单量子点能级匹配情况的不同对于体系电输运性质的影响。当设每个量子点线中间的两个量子点能级为相同的数值,而其他的量子点能级也设为相同的值(不同于上面所设的数值)时,交换这两组数值,我们会发现由此得到的两组图完全关于这两个数值的一半处对称,这一点可以作为设计纳米量子开关的一个基本原理。

(3) 体系能级简并的解除。当把量子点 3 的能级取为不同于其他量子点的能级时,我们发现共振能谱中的共振峰都变成了 5 个;当进一步把量子点 4 和量子点 6 的能级取为不同值时,发现共振能谱中的共振峰都变成了 6 个,完全等于体系中量子点的个数,这意味着体系能级的简并已经完全解除。

(4) 体系与 4 个电极的耦合强度也能够影响体系的共振能谱,相对于对称耦合的情况,中间两个共振峰的高度降低很多,同时其他峰的高度也有很大变化,而体系其他的性质则不改变。

(5) 研究了微分电导率随左电子库费米能级的变化关系曲线,并得到:在低温下,体系基本处于库仑阻塞状态。当温度升高时,体系的能级开始变得模糊甚至连续,直接导致电导率曲线展宽。

第7章 具有分支结构耦合量子点体系的输运性质

越来越多的人对量子点线的输运性质进行了研究[49-51]，并且从中发现了许多有意义的现象。P. A. Orellana 等对量子线边耦合一个一维串联量子点阵列的体系电输运性质进行了研究，并发现量子点阵列中的量子点数目的奇偶性对整个体系的输运性质有很大影响[56]。这给了我们一个启示，设想如果在一个量子点线上某一点处出现了分支，那么这将会对系统的输运性质产生怎样的影响呢？本章将对一个由任意一个量子点构成的量子点线具有两个分支时所形成的四终端结构的电子输运性质进行理论研究。

为了理论计算的简单化，可以忽略量子点内部和量子点之间电子的库仑相互作用，同时假设每个量子点中的电子只有一个能级。这样做就可以利用非平衡格林函数方法，给出隧穿电流的一般解析表达式。为了更加详细地研究体系的各支路的输运性质，需要对电流表达式进行进一步化简，最后通过数值计算来研究每个支路的电输运性质。这里选择了一个简单而又有特殊结构的模型进行数值分析。尽管考虑的模型比较简单，但是仍然可以获得一些比较有趣的结果。例如，具有等效支路的体系会使电子通过体系透射峰的个数明显少于体系中量子点的个数，这完全取决于在体系的等效支路中量子点的个数；具有不同的等效支路结构的体系也同时给出不同的结果。下面将详细地介绍这一章的主要内容。

7.1 模型哈密顿量以及电流表达式的推导

如图 7.1 所示，由 n 个量子点耦合而形成的量子点线与左右两个理想电极（L，R）相连，同时在量子点 s 和量子点 t 处又分别和另外两个点阵耦合连接在一起。其中在 M 和 N 量子点线中分别与量子点 s 和 t 耦合连接起来的是 $1'$ 和 $1''$。$1,2,\cdots,n$ 是从电极 L 到电极 R 的点阵中量子点的编号，而 $1',2',\cdots,n'$ 和 $1'',2'',\cdots,n''$ 分别为与电极 M 和电极 N 连接的量子点线 M 和 N 中量子点的编号。同时和电极 L，R，M，N 耦合连接的量子点为 $1,n,n',n''$。

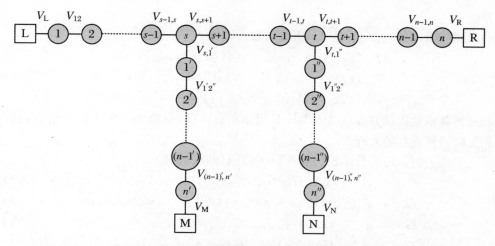

图 7.1　由 n 个量子点耦合而成的量子点线与左右两个理想电极 (L, R) 相连，
同时在量子点 s 和量子点 t 处又分别和另外两个点线耦合连接起来

根据紧束缚近似，整个系统的哈密顿量可以写为

$$H = H_\mathrm{c} + H_\mathrm{d} + H_\mathrm{t} \tag{7.1}$$

其中，理想电极的哈密顿量

$$H_\mathrm{c} = \sum_k \varepsilon_{k\mathrm{L}} C_{k\mathrm{L}}^+ C_{k\mathrm{L}} + \sum_k \varepsilon_{k\mathrm{R}} C_{k\mathrm{R}}^+ C_{k\mathrm{R}} + \sum_k \varepsilon_{k\mathrm{M}} C_{k\mathrm{M}}^+ C_{k\mathrm{M}} + \sum_k \varepsilon_{k\mathrm{N}} C_{k\mathrm{N}}^+ C_{k\mathrm{N}} \tag{7.2}$$

体系中量子点的哈密顿量

$$H_\mathrm{d} = \sum_{i=1}^{n} \varepsilon_i d_i^+ d_i + \sum_{i=1'}^{n'} \varepsilon_i d_i^+ d_i + \sum_{i=1''}^{n''} \varepsilon_i d_i^+ d_i + \sum_{i=1}^{n} (V_{i,i+1} d_i^+ d_{i+1} + \mathrm{H.c.})$$
$$+ \sum_{i=1'(1'')}^{n'(n'')} (V_{i,i+1} d_i^+ d_{i+1} + \mathrm{H.c.}) + (V_{s,1'} d_s^+ d_{1'} + V_{t,1''} d_t^+ d_{1''} + \mathrm{H.c.}) \tag{7.3}$$

理想电极与其相邻量子点间的隧穿相互作用哈密顿量

$$H_\mathrm{t} = \sum_k (V_\mathrm{L} C_{k\mathrm{L}}^+ d_1 + \mathrm{H.c.}) + \sum_k (V_\mathrm{R} C_{k\mathrm{R}}^+ d_n + \mathrm{H.c.})$$
$$+ \sum_k (V_\mathrm{M} C_{k\mathrm{M}}^+ d_{n'} + \mathrm{H.c.}) + \sum_k (V_\mathrm{N} C_{k\mathrm{N}}^+ d_{n''} + \mathrm{H.c.}) \tag{7.4}$$

式中，$C_{k\mathrm{L(R,M,N)}}^+$、$C_{k\mathrm{L(R,M,N)}}$ 分别为 $\mathrm{L(R,M,N)}$ 电极中波矢为 k 的电子的产生和湮灭
算符；d_i^+、d_i 为第 i 个量子点中电子的产生和湮灭算符；$\varepsilon_{k\mathrm{L(R,M,N)}}$ 为 $\mathrm{L(R,M,N)}$
电极中的电子的费米能级；ε_i 为第 i 个量子点中电子的能级；$V_\mathrm{L(R,M,N)}$ 为电极
$\mathrm{L(R,M,N)}$ 和量子点 $1(n, n', n'')$ 之间的隧穿耦合强度；$V_{i,i+1}$ 为第 i 个量子点和
第 $i+1$ 个量子点之间的隧穿耦合强度。

　　这里，为了简单起见略去了自旋角标，并且假定每个量子点中只有一对自旋简并能级。

同样地,我们引入如下三个格林函数:

$$G_{i,i}^r(t,t') = -\mathrm{i}\theta(t-t')\langle\{d_i(t),d_i^+(t')\}\rangle \tag{7.5}$$

$$G_{i,i}^a(t,t') = \mathrm{i}\theta(t-t')\langle\{d_i(t),d_i^+(t')\}\rangle \tag{7.6}$$

$$G_{i,i}^{<}(t,t') = \mathrm{i}\langle d_i^+(t'),d_i(t)\rangle \tag{7.7}$$

利用格林函数运动方程以及 Keldysh 闭路积分,可以得到如下关于推迟格林函数和关联格林函数的方程:

主路上的推迟格林函数的方程(从电极 L 到电极 R):

$$G_{11}^r = g_{11}^r + g_{11}^r \Sigma_L^r G_{11}^r + g_{11}^r \Sigma_{12} G_{21}^r \tag{7.8}$$

$$G_{i1}^r = g_{ii}^r \Sigma_{i,i-1} G_{i-1,1}^r + g_{ii}^r \Sigma_{i,i+1} G_{i+1,1}^r \quad (i \neq 1,s,t,n) \tag{7.9}$$

$$G_{s1}^r = g_{ss}^r \Sigma_{s1'} G_{1'1}^r + g_{ss}^r \Sigma_{s-1,s} G_{s-1,1}^r + g_{ss}^r \Sigma_{s,s+1} G_{s+1,1}^r \tag{7.10}$$

$$G_{t1}^r = g_{tt}^r \Sigma_{t1''} G_{1''1}^r + g_{tt}^r \Sigma_{t-1,t} G_{t-1,1}^r + g_{tt}^r \Sigma_{t,t+1} G_{t+1,1}^r \tag{7.11}$$

$$G_{n1}^r = g_{nn}^r \Sigma_{n,n-1} G_{n-1,1}^r + g_{nn}^r \Sigma_R G_{n1}^r \tag{7.12}$$

量子点线 M 支路上的推迟格林函数的方程(从量子点 $1'$ 到电极 M):

$$G_{1'1}^r = g_{1'1'}^r \Sigma_{s1'} G_{s1}^r + g_{1'1'}^r \Sigma_{1',2'} G_{2'1}^r \tag{7.13}$$

$$G_{i'1}^r = g_{i'i'}^r \Sigma_{i',(i-1)'} G_{(i-1)',1}^r + g_{i'i'}^r \Sigma_{i',(i+1)'} G_{(i+1)',1}^r \quad (i \neq 1',n') \tag{7.14}$$

$$G_{n'1}^r = g_{n'n'}^r \Sigma_{n',(n-1)'} G_{(n-1)',1}^r + g_{n'n'}^r \Sigma_M G_{n',1}^r \tag{7.15}$$

量子点线 N 支路上的推迟格林函数的方程(从量子点 $1''$ 到电极 N):

$$G_{1''1}^r = g_{1''1''}^r \Sigma_{t1''} G_{t1}^r + g_{1''1''}^r \Sigma_{1'',2''} G_{2''1}^r \tag{7.16}$$

$$G_{i''1}^r = g_{i''i''}^r \Sigma_{i'',(i-1)''} G_{(i-1)'',1}^r + g_{i''i''}^r \Sigma_{i'',(i+1)''} G_{(i+1)'',1}^r \quad (i \neq 1'',n'') \tag{7.17}$$

$$G_{n''1}^r = g_{n''n''}^r \Sigma_{n'',(n-1)''} G_{(n-1)'',1}^r + g_{n''n''}^r \Sigma_N G_{n'',1}^r \tag{7.18}$$

同样地,我们能得到各支路上的关联格林函数的方程:

主路上的关联格林函数的方程(从电极 L 到电极 R):

$$G_{11}^< = g_{11}^r(\Sigma_L^r G_{11}^< + \Sigma_L^< G_{11}^a) + g_{11}^r \Sigma_{12} G_{21}^< \tag{7.19}$$

$$G_{i1}^< = g_{ii}^r \Sigma_{i,i-1} G_{i-1,1}^< + g_{ii}^r \Sigma_{i,i+1} G_{i+1,1}^< \quad (i \neq 1,s,t,n) \tag{7.20}$$

$$G_{s1}^< = g_{ss}^r \Sigma_{s1'} G_{1'1}^< + g_{ss}^r \Sigma_{s-1,s} G_{s-1,1}^< + g_{ss}^r \Sigma_{s,s+1} G_{s+1,1}^< \tag{7.21}$$

$$G_{t1}^< = g_{tt}^r \Sigma_{t1''} G_{1''1}^< + g_{tt}^r \Sigma_{t-1,t} G_{t-1,1}^< + g_{tt}^r \Sigma_{t,t+1} G_{t+1,1}^< \tag{7.22}$$

$$G_{n1}^< = g_{nn}^r(\Sigma_R^r G_{n1}^< + \Sigma_R^< G_{n1}^a) + g_{nn}^r \Sigma_{n,n-1} G_{n-1,1}^r \tag{7.23}$$

量子点线 M 支路上的关联格林函数的方程:

$$G_{1'1}^< = g_{1'1'}^r \Sigma_{s1'} G_{s1}^< + g_{1'1'}^r \Sigma_{1',2'} G_{2'1}^< \tag{7.24}$$

$$G_{i'1}^< = g_{i'i'}^r \Sigma_{i',(i-1)'} G_{(i-1)',1}^< + g_{i'i'}^r \Sigma_{i',(i+1)'} G_{(i+1)',1}^< \quad (i \neq 1',n') \tag{7.25}$$

$$G_{n'1}^< = g_{n'n'}^r(\Sigma_R^r G_{n'1}^< + \Sigma_R^< G_{n'1}^a) + g_{n'n'}^r \Sigma_{n',(n-1)'} G_{(n-1)',1}^r \tag{7.26}$$

量子点线 N 支路上的关联格林函数的方程:

$$G_{1''1}^< = g_{1''1''}^r \Sigma_{t1''} G_{t1}^< + g_{1''1''}^r \Sigma_{1'',2''} G_{2''1}^< \tag{7.27}$$

$$G_{i''1}^< = g_{i''i''}^r \Sigma_{i'',(i-1)''} G_{(i-1)'',1}^< + g_{i''i''}^r \Sigma_{i'',(i+1)''} G_{(i+1)'',1}^< \quad (i \neq 1'',n'') \tag{7.28}$$

$$G_{n''1}^{<} = g_{n''n''}^{r}(\Sigma_R^r G_{n''1}^{<} + \Sigma_R^{<} G_{n''1}^{a}) + g_{n''n''}^{r}\Sigma_{n'',(n-1)''} G_{(n-1)'',1}^{r} \tag{7.29}$$

其中，$g_{ii}^r = (\omega - \varepsilon_i^0 + i\eta)^{-1}$ 是每个量子点的自由粒子格林函数，Σ_{ij} 代表第 i 个量子点和第 j 个量子点之间的自能。此外，

$$\Sigma_L^{r,a,<}(\omega) = V_L^2 g_{kL}^{r,a,<}(\omega) \tag{7.30}$$

$$\Sigma_R^{r,a,<}(\omega) = V_R^2 g_{kR}^{r,a,<}(\omega) \tag{7.31}$$

$$\Sigma_M^{r,a,<}(\omega) = V_M^2 g_{kM}^{r,a,<}(\omega) \tag{7.32}$$

$$\Sigma_N^{r,a,<}(\omega) = V_N^2 g_{kN}^{r,a,<}(\omega) \tag{7.33}$$

分别为 L，R，M，N 电极和量子点 $1, n, n', n''$ 之间的隧穿相关自能项。$g_{kL}^{r,a,<}(\omega)$，$g_{kR}^{r,a,<}(\omega)$，$g_{kM}^{r,a,<}(\omega)$ 和 $g_{kN}^{r,a,<}(\omega)$ 分别对应 L，R，M 和 N 电极中的自由粒子格林函数，满足如下关系：

$$g_{kL(R,M,N)}^r(\omega) = (\omega - \varepsilon_{kL(R,M,N)}^0 + i\eta)^{-1} \tag{7.34}$$

$$g_{kL(R,M,N)}^{<}(\omega) = 2\pi i f_{L(R,M,N)}(\omega)\delta(\omega - \varepsilon_{kL(R,M,N)}^0) \tag{7.35}$$

应用(7.8)式～(7.18)式，向回迭代到 G_{11}^r，可以得到关于 G_{11}^r 的式子

$$G_{11}^r(\omega) = \cfrac{1}{\omega - \varepsilon_1^0 - \sum_k |V_L|^2 g_{kL}^r(\omega) - V_{12} G_{22}^{r0}} \tag{7.36}$$

其中

$$G_{ii}^{r0}(\omega) = \cfrac{1}{\omega - \varepsilon_i^0 - V_{i,i+1}^2 G_{i+1,i+1}^{r0}(\omega)} \tag{7.37}$$
$$(i = 2,3,\cdots,s-1,s+1,\cdots t-1,t+1,\cdots n-2,n-1)$$

$$G_{ss}^{r0}(\omega) = \cfrac{1}{\omega - \varepsilon_s^0 - V_{s,s+1}^2 G_{s+1,s+1}^{r0}(\omega) - V_{s1'}^2 G_{1'1'}^{r0}(\omega)} \tag{7.38}$$

$$G_{tt}^{r0}(\omega) = \cfrac{1}{\omega - \varepsilon_t^0 - V_{t,t+1}^2 G_{t+1,t+1}^{r0}(\omega) - V_{t1''}^2 G_{1''1''}^{r0}(\omega)} \tag{7.39}$$

$$G_{j'j'}^{r0}(\omega) = \cfrac{1}{\omega - \varepsilon_{j'}^0 - V_{j',(j+1)'}^2 G_{(j+1)',(j+1)'}^{r0}(\omega)} \quad (j' = 1',2',3',\cdots,(n-1)') \tag{7.40}$$

$$G_{j''j''}^{r0}(\omega) = \cfrac{1}{\omega - \varepsilon_{j''}^0 - V_{j'',(j+1)''}^2 G_{(j+1)'',(j+1)''}^{r0}(\omega)} \quad (j'' = 1'',2'',3'',\cdots,(n-1)'') \tag{7.41}$$

$$G_{nn}^r(\omega) = \cfrac{1}{\omega - \varepsilon_n^0 - \sum_k |V_R|^2 g_{kR}^r(\omega)} \tag{4.42}$$

$$G_{n'n'}^r(\omega) = \cfrac{1}{\omega - \varepsilon_{n'}^0 - \sum_k |V_M|^2 g_{kM}^r(\omega)} \tag{7.43}$$

$$G_{n''n''}^r(\omega) = \cfrac{1}{\omega - \varepsilon_{n''}^0 - \sum_k |V_N|^2 g_{kN}^r(\omega)} \tag{7.44}$$

应用(7.19)式～(7.29)式，向回迭代到 $G_{11}^{<}$，可以得到关于 $G_{11}^{<}$ 的式子

$$
\begin{aligned}
G_{11}^{<} &= G_{11}^{r}\Sigma_{L}^{<}G_{11}^{a} + G_{n1}^{r}\Sigma_{R}^{<}G_{n1}^{a} + G_{n'1}^{r}\Sigma_{M}^{<}G_{n'1}^{a} + G_{n''1}^{r}\Sigma_{N}^{<}G_{n''1}^{a} \\
&= if_{L}(\omega)\Gamma^{L}(\omega)2^{+}\, if_{R}(\omega)\Gamma^{R}(\omega)2^{+}\, if_{M}(\omega)\Gamma^{M}(\omega)2 \\
&\quad + if_{N}(\omega)\Gamma^{N}(\omega)2
\end{aligned} \tag{7.45}
$$

这里格林函数 G_{n1}^{r}，$G_{n'1}^{r}$ 和 $G_{n''1}^{r}$ 都可以通过应用（7.8）式～（7.18）式子把它们表示为与 G_{11}^{r} 相关的形式：

$$
G_{n1}^{r} = V_{12}V_{23}\cdots V_{n-1,n}G_{11}^{r}G_{22}^{r0}G_{33}^{r0}\cdots G_{n-1,n-1}^{r0}G_{nn}^{r0} \tag{7.46}
$$

$$
\begin{aligned}
G_{n'1}^{r} &= V_{12}V_{23}\cdots V_{s-1,s}V_{s,1'}V_{1'2'}V_{2'3'}\cdots V_{(n-1)'n'}G_{11}^{r}G_{22}^{r0}\cdots \\
&\quad \cdot G_{s-1,s-1}^{r0}G_{ss}^{r0}G_{1'1'}^{r0}G_{2'2'}^{r0}\cdots G_{n'n'}^{r0}
\end{aligned} \tag{7.47}
$$

$$
\begin{aligned}
G_{n''1}^{r} &= V_{12}V_{23}\cdots V_{t-1,t}V_{t,1''}V_{1''2''}V_{2''3''}\cdots V_{(n-1)''n''}G_{11}^{r}G_{22}^{r0}\cdots \\
&\quad \cdot G_{t-1,t-1}^{r0}G_{tt}^{r0}G_{1''1''}^{r0}G_{2''2''}^{r0}\cdots G_{n''n''}^{r0}
\end{aligned} \tag{7.48}
$$

在以上各式的推导中，应用了 $V_{i,i+1} = V_{i+1,i}^{*}$，$\Gamma^{\alpha}(\omega)$ 的定义式以及 $\Sigma_{\alpha}^{<}(\omega) = 2\pi i V_{\alpha}^{2}\delta(\omega - \varepsilon_{k\alpha}^{0})f_{\alpha}(\omega)(\alpha \in L,R,M,N)$。

将（7.36）式和（7.45）式代入到（7.12）式中，最后可以得到通过 L 电极流入耦合量子点体系的电流表示式为

$$
\begin{aligned}
J_{L} &= \frac{2e}{h}\int d\omega\{[f_{L}(\omega) - f_{R}(\omega)]T_{LR} + [f_{L}(\omega) - f_{M}(\omega)]T_{LM} \\
&\quad + [f_{L}(\omega) - f_{N}(\omega)]T_{LN}\}
\end{aligned} \tag{7.49}
$$

其中

$$
T_{LR}(\omega) = \Gamma^{L}(\omega)\Gamma^{R}(\omega)\,|G_{n1}^{r}|^{2} \tag{7.50a}
$$

$$
T_{LM}(\omega) = \Gamma^{L}(\omega)\Gamma^{M}(\omega)\,|G_{n'1}^{r}|^{2} \tag{7.50b}
$$

$$
T_{LN}(\omega) = \Gamma^{L}(\omega)\Gamma^{N}(\omega)\,|G_{n''1}^{r}|^{2} \tag{7.50c}
$$

这里，$T_{LR}(\omega)$，$T_{LM}(\omega)$ 和 $T_{LN}(\omega)$ 分别代表能量为 ω 的电子由 L 电极经过量子点体系至 R 电极、M 电极以及 N 电极中的透射。

7.2　数值计算结果与讨论

这里我们以 $n = 4$，$n' = 2$，$n'' = 1$ 时的简单模型（图 7.2）为例来进行数值计算，首先将给出一些关于透射 $T(\omega)$ 的数值计算结果。

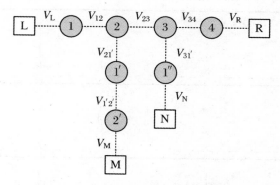

图 7.2　当 $n=4$, $n'=2$ 和 $n''=1$ 时的模型图

7.2.1　对于电子通过体系透射的研究

为了简单起见,假定每个电极的电子态密度是一个常数。并且采用宽带近似,即线宽函数 $\Gamma^\alpha(\omega)$ ($\alpha \in L, R, M, N$)是与能量无关的常数,并且能级移动为零,这样有 $\Sigma_{L(R,M,N)}^r(\omega) = -(i/2)\Gamma^{L(R,M,N)}$。另外,假定所有的量子点都是全等的,即所有量子点具有相同的能级,即 $\varepsilon_i^0 = \varepsilon_0$,并且相邻量子点之间的耦合强度都相同,即 $V_{12} = V_{23} = V_{34} = V_{21'} = V_{1'2'} = V_{31''} = V$。

图 7.3 给出了关于电子通过整个体系的透射 $T(\omega)$ 随电子能级的变化曲线,其他相关的参数取值如下: $\varepsilon_i^0 = 0.0$, $V = 5.0$ 和 $\Gamma^L = \Gamma^R = \Gamma^M = \Gamma^N = 0.5$。这里, $T_{LR(LM,LN)}(\omega)$ 是电子从电子库 L 到电子库 R(M,N)的透射。从图 7.3 可以看出 $T_{LN}(\omega)$ 和 $T_{LR}(\omega)$ 给出了相同的结果,这并不奇怪,因为我们从整个空间上来看量子点 4 和量子点 $1''$ 完全处在等价的位置,也可以说电子通过从电子库 L 到电子库 R 的支路的概率和电子通过从电子库 L 到电子库 N 的支路的概率是完全相同的。由于量子点 4 和量子点 $1''$ 的等价也造成了我们的体系只出现了 6 个峰,峰的数目比我们的体系量子点数目要少一个。同时,图中 $T_{LM}(\omega)$ 也给出了 6 个峰。这也可以很容易理解,因为当电子从电子库 L 到电子库 M 时,量子点 4 和量子点 $1''$ 在空间中仍处在等价的位置。

图 7.4 展示了量子点 4 和量子点 $1''$ 的量子点能级不相同时的情况。此时,量子点 4 和量子点 $1''$ 不再等价。从图中可以清楚地看到 $T_{LR}(\omega)$, $T_{LM}(\omega)$ 和 $T_{LN}(\omega)$ 都出现了 7 个峰,正如前面我们所预料到的共振峰的数目等于体系中量子点的数目。

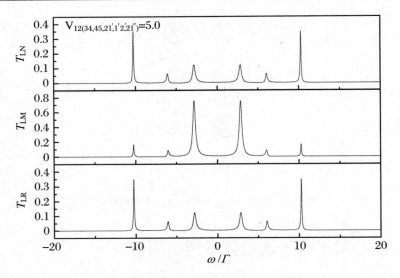

图 7.3　透射 $T(\omega)$ 随电子能级的变化曲线

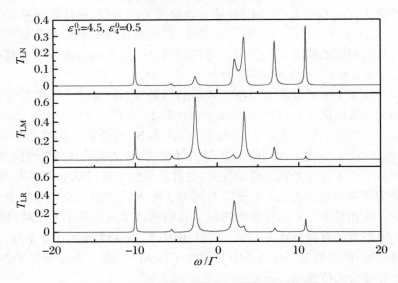

图 7.4　不同单量子点能级匹配情况下透射随
电子能级变化的关系曲线

7.2.2　等效支路对电子通过体系透射的影响

这一小节将主要来研究由于模型结构具有等效支路时对电子通过体系透射 $T(\omega)$ 的影响。对上面的模型进行简单的改造,我们就可以得到存在等效支路的模型。

　　首先设 $V_{31''} = 0$,这时体系变成了具有两个等效支路的三端结构,并且从电子库 L 到电子库 R 的支路与电子通过从电子库 L 到电子库 M 的支路形成了完全等效的两个支路。这里我们完全可以认为量子点 3 与量子点 $1'$ 在空间上是等价的,同时量子点 4 和量子点 $2'$ 在空间上也可以认为是等价的。图 7.5 同时也给出了数值结果,透射 $T_{LR}(\omega)$ 和 $T_{LM}(\omega)$ 给出了相同的结果,同时每种情况下的透射都给出了 4 个峰。并且能够看到在图 7.5 中每个峰的高度都相同,在同一位置上发生透射的概率和等于 1.0。

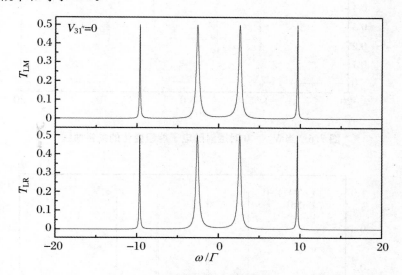

图 7.5　当 $V_{31''} = 0$ 时透射随电子能级变化的关系曲线

　　接下来我们设 $V_{21'} = 0$,体系就变成了另外一种具有两个等效支路的三端结构,此时从电子库 L 到电子库 R 的支路与电子通过从电子库 L 到电子库 N 的支路形成了完全等效的两个支路。这时从整个空间上来看量子点 4 和量子点 $1''$ 完全处在等价的位置。体系应该只能出现 4 个峰,图 7.6 也给出了相同的结果。但是,我们能从图中清楚地看到每个峰的高度并不相同,中间的两个峰比两侧的峰值要高,同时能发现在图 7.6 中在同一位置上发生透射的概率和并不等于 1.0。分析这应该是电子有一定的概率反射回到 L 电子库的结果。

　　最后,我们把上面提到的两种具有等效支路的三端情况与两端时的 4 个量子点线性排布时的情况做一下比较。从图 7.7 中会发现:与线性排布时相比,出现等效支路情况时的外侧两个峰都向外移动了一些,并且在量子点 2 处出现等效支路时的外侧两个峰更靠外一些。同时,我们也能够发现:在量子点 2 处出现等效支路时内侧的两个峰相对线性排布时向里移动,而在量子点 3 处出现等效支路时内侧的两个峰则相对线性排布时向外移动。

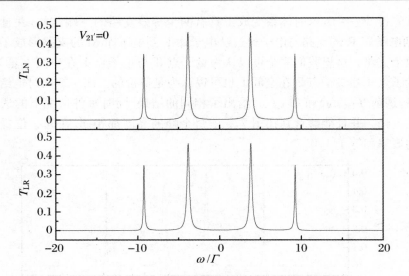

图 7.6　当 $V_{21'} = 0$ 时透射随电子能级变化的关系曲线

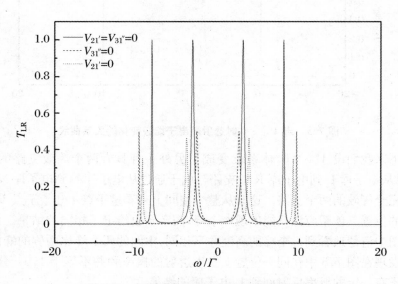

图 7.7　点间耦合强度取不同数值时透射随
电子能级变化的关系曲线对比图

本 章 小 结

　　本章主要介绍了电子通过由任意一个量子点构成的量子点线在不同的两个位置处出现分支的体系电输运性质。随着量子点数目的增多,体系的能谱会变得更加复杂。因此,在对由任意一个量子点耦合成的量子点线的数值计算中,我们假定所有的量子点都是全等的,即所有的量子点都具有相同的能级,并且相邻量子点之间的耦合强度都相等。

利用非平衡格林函数方法,可以得到通过该体系的电流表达式。在对这种系统的数值计算分析中,我们选择了一个简单而又有特殊结构的模型。从中可以发现:当体系存在等效支路时,体系的能谱将会出现相应的简并;通过整个体系透射峰的个数明显少于量子点的个数,具体透射峰减少的个数应该等于等效支路里面量子点的个数;当整个体系的等效支路被完全破坏时,在整个体系的能谱中共振峰的数目将等于体系中量子点的数目。

第8章　多量子点环系统自旋过滤器和磁控量子开关

人们已经在量子点系统中发现许多新的电输运特性,例如,Dicke 效应、量子霍尔效应、Fano 效应、热电效应和光子辅助隧穿效应等。根据这些输运特性,在量子信息和量子计算中,量子点系统可以被设计成一些有价值的量子器件。量子点系统电子输运特性中的反共振问题一直是研究的热点。根据量子点的反共振特性,量子点系统常常被用作量子开关。譬如,光控量子开关可应用于由一对量子点组成的纳米结构中。四端量子点系统可以设计为量子开关器件。自旋开关可以通过调整 Aharonov-Bohm 环的结构参数来实现。基于量子点的量子开关器件对未来的量子计算有非常大的用处。获得高自旋极化电流是自旋芯片的核心挑战之一。自旋器件通过引入铁磁电极或者改变 Rashba 自旋轨道耦合强度等多种方法可以获得自旋输运,对此人们开展了广泛的实验和理论研究。对连接两个铁磁电极的量子点的输运特性进行理论分析时,传统的自旋阀效应表明,通过调整磁矩的相对角度可以控制电导。在三量子点系统中,自旋过滤器可以通过磁通诱导的相因子量和 Rashba 自旋轨道耦合的共同作用来实现。近年来,由于塞曼效应,在多量子点体系中也获得了高自旋极化电流。

本章设计了一个多量子点环系统,每个环由三个量子点组成,三个量子点在多量子点环结构中具有一定的代表性,同时在实验中很容易实现。在有磁通诱导的相因子量的情况下,电导能谱中出现两个反共振点。随着三量子点环的数量增加,两个反共振点可演化成两个绝缘带。调整磁通诱导的相因子可以使得绝缘带的位置发生移动。因此,该量子点系统可以用作磁控量子开关。此外,在量子点上引入塞曼磁场可以实现有效的自旋过滤。

8.1　三量子点环串联系统理论模型

图 8.1 给出了一个三量子点环系统的结构示意图,圆圈代表一个量子点,每三个量子点构成一个三量子点环,左右两个(L, R)区域代表左右电极。量子点 $(i, 1)$,$(i, 2)$ 和 $(i, 3)$ 重复出现在每个三量子点环单元中。假设每个量子点中只有

一个自旋简并能级。t_0 表示相邻三量子点环之间的隧穿耦合强度。t 表示三量子点环中相邻量子点之间的隧穿耦合强度。Φ 为通过每个三量子点环的磁通诱导的相因子量。

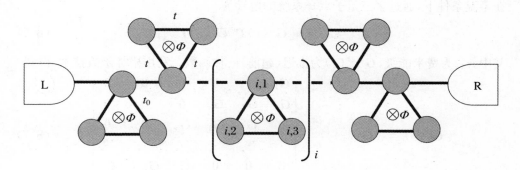

图 8.1　三量子点环串联系统的结构示意图

系统的哈密顿量可以写成

$$H_{total} = H_{lead} + H_{dots} + H_T \tag{8.1}$$

H_{lead} 描述了两个电极的哈密顿量：

$$H_{lead} = \sum_{k,\sigma} \sum_{\alpha=L,R} \varepsilon_{k_\alpha\sigma} C^+_{k_\alpha\sigma} c_{k_\alpha\sigma} \tag{8.2}$$

其中，$C^+_{k_\alpha\sigma}(C_{k_\alpha\sigma})$ 是电极中电子的产生（湮灭）算符，$\sigma(\sigma = \uparrow, \downarrow$ 或 $\sigma = \pm 1)$ 是自旋指数，$\varepsilon_{k_\alpha\sigma}$ 是能量。H_{dots} 表示量子点的哈密顿量：

$$H_{dots} = \sum_\sigma \sum_{i=1}^N \sum_{j=1}^3 \left[(\varepsilon_{ij\sigma} + \sigma g\mu_B H) d^+_{ij\sigma} d_{ij\sigma} \right]$$

$$+ \sum_\sigma \sum_{i=1}^N \left[t(d^+_{i1\sigma} d_{i2\sigma} e^{i\psi} + d^+_{i2\sigma} d_{i3\sigma} + d^+_{i3\sigma} d_{i1\sigma}) + t_0 d^+_{i1\sigma} d_{i+1,1\sigma} + \text{H.c.} \right]$$

$$\tag{8.3}$$

其中，$\varepsilon_{ij\sigma}$ 表示量子点的能级，$d^+_{ij\sigma}(d_{ij\sigma})$ 表示在第 i 个重复单元的第 j 个量子点上产生（湮灭）一个电子；为了方便，可以设置 $B = g\mu_B H$，其中 g 和 μ_B 分别为朗道因子和玻尔磁子。N 为三量子点环单元的个数。t_0 表示相邻三量子点环之间的隧穿耦合强度。t 为三量子点环内量子点之间的隧穿耦合强度，其中相因子 Ψ 为贯穿每个三量子点环的总磁通诱导的相因子量。(8.1) 式中的 H_T 是量子点和两个电极之间的隧穿：

$$H_T = \sum_{k,\sigma} (V_{k_L\sigma} C^+_{k_L\sigma} d_{11\sigma} + V_{k_R\sigma} C^+_{k_R\sigma} d_{N1\sigma} + \text{H.c.}) \tag{8.4}$$

其中，$V_{k_\alpha\sigma}$ 表示电极 α 与多三量子点环之间的隧穿耦合。

　　线宽函数可以定义为 $\Gamma^\alpha_{pq\sigma} = 2\pi \sum_k t_{\alpha p\sigma} t^*_{\alpha q\sigma} \delta(\varepsilon - \varepsilon_{k\alpha})$。在宽带近似下，矩阵 $\boldsymbol{\Gamma}^\alpha_\sigma$ 由以下 $3N \times 3N$ 矩阵给出：

$$\boldsymbol{\Gamma}_{\sigma}^{\text{L(R)}} = \begin{pmatrix} \Gamma_{11(N1)}^{\text{L(R)}} & 0 & \cdots \\ 0 & 0 & \cdots \\ \vdots & \vdots & \ddots \end{pmatrix} \tag{8.5}$$

在零温条件下,通过多三量子点环系统的电导为

$$G(\varepsilon_{\text{F}}) = \frac{e^2}{\hbar} \text{Tr} \left[\boldsymbol{G}^a(\varepsilon) \boldsymbol{\Gamma}^{\text{R}} \boldsymbol{G}^r(\varepsilon) \boldsymbol{\Gamma}^{\text{L}} \right] \Big|_{\varepsilon = \varepsilon_{\text{F}}} \tag{8.6}$$

其中,ε_{F} 为费米能级,$\boldsymbol{G}^{r(a)}(\varepsilon)$ 为推迟(超前)格林函数。利用格林函数技术,得到

$$\boldsymbol{G}_{\sigma}^r(\varepsilon) = (\boldsymbol{G}_{\sigma}^a(\varepsilon))^+ = \begin{pmatrix} \boldsymbol{G}_1 & \boldsymbol{G}_v & 0 & 0 & 0 & 0 \\ \boldsymbol{G}_v & \boldsymbol{G}_2 & \boldsymbol{G}_v & 0 & 0 & 0 \\ 0 & \boldsymbol{G}_v & \boldsymbol{G}_3 & \boldsymbol{G}_v & 0 & 0 \\ \vdots & \ddots & \ddots & \ddots & \ddots & \vdots \\ 0 & 0 & 0 & \boldsymbol{G}_v & \boldsymbol{G}_{n-1} & \boldsymbol{G}_v \\ 0 & 0 & 0 & 0 & \boldsymbol{G}_v & \boldsymbol{G}_n \end{pmatrix}^{-1} \tag{8.7}$$

其中

$$\boldsymbol{G}_{1(n)} = \begin{pmatrix} g_{11(N1)} + \dfrac{\text{i}}{2}\Gamma^{\text{L(R)}} & t_u \text{e}^{\text{i}\psi} & t_u \\ t_u \text{e}^{-\text{i}\psi} & g_{12(N2)} & t_u \\ t_u & t_u & g_{13(N3)} \end{pmatrix} \tag{8.8a}$$

$$\boldsymbol{G}_v = \begin{pmatrix} t_v & 0 & 0 \\ 0 & 0 & 0 \\ 0 & 0 & 0 \end{pmatrix} \tag{8.8b}$$

以及

$$\boldsymbol{G}_l = \begin{pmatrix} g_{l1} & t_u \text{e}^{\text{i}\psi} & t_u \\ t_u \text{e}^{-\text{i}\psi} & g_{l2} & t_u \\ t_u & t_u & g_{l3} \end{pmatrix} \quad (l = 2,3,\cdots,N-1) \tag{8.8c}$$

由(8.8a)式~(8.8c)式得 $g_{lm} = [\varepsilon - \varepsilon_{lm}]^{-1} (l = 1,2,\cdots,N; m = 1,2,3)$。

此外,点-电极耦合强度 $\Gamma^{\text{L}} = \Gamma^{\text{R}} = 2t$,量子点能量 $\varepsilon_{ij\sigma} = \varepsilon_{\text{d}}$,$\hbar = 1$ 和 $e = 1$。

8.2　自旋过滤器和磁控量子开关

利用上述公式,可以用数值方法计算系统的基本输运特性。首先,研究了单个三量子点环(即 $N = 1$)的电子传输性质,如图 8.2 所示,相关参数 $\varepsilon_{\text{d}} = 0$,$B = 0$,$t_0 = t = 1.0$。图 8.2(a) 中的实线描述了没有磁通诱导的相因子时的电导能谱。一个反共振点位于 $\varepsilon = -1$ 的能级位置。这可以解释如下:量子点 2 和 3 与点 1 耦

合形成一个新的输运通道(电极 L—量子点 1—量子点 2—量子点 3—量子点 1—电极 R),从而影响原输运通道(电极 L—量子点 1—电极 R)的量子输运。因此,反共振点是由在单个三量子点环中通过两种不同的通路的电子波函数干涉相消而产生的。这也可以通过公式来理解。当 $\varepsilon_d = 0$, $\phi = 0$ 时,线性电导公式可以写为

$$G = \Gamma^2 (\varepsilon + t)^2 / [(\varepsilon - t)^2 (\varepsilon + 2t)^2 + \Gamma^2 (\varepsilon + t)^2] \qquad (8.9)$$

能够发现,电导在 $\varepsilon = -t$ 时有一个反共振点($G = 0$),电导在 $\varepsilon = -2t$ 和 $\varepsilon = t$ 时有两个共振点($G = 1$)。此外,当 $\psi = 0$ 时,可以观察到共振峰呈现不对称分布。此外,共振峰的数目与系统中的量子点数量不一致。这意味着电导能谱中存在简并共振峰。如果考虑磁通诱导的相因子 $\psi = \pi/4$,如图 8.2(a)中的虚线所示,位于 $\varepsilon = 1$ 位置的共振峰分为两个共振峰。同时,在 $\varepsilon = 1$ 处出现一个额外的反共振点。如图 8.2(b)所示,当 $\psi = \pi/2$ 时,三个共振峰相对于能级 $\varepsilon = 0$ 对称分布。当 $\psi = 3\pi/4$ 时,电导能谱中左边两个共振峰靠近,如图 8.2(c)所示。当磁通诱导的相因子 $\psi = \pi$ 时,左边两个共振峰合并为一个共振峰。同时,在 $\varepsilon = -1$ 处的反共振点消失。由此可见,可以通过调整磁通诱导的相因子来控制反共振点的出现和共振峰的简并。

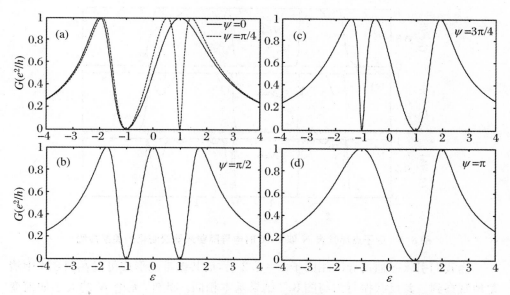

图 8.2　在单个三量子点环(即 $N = 1$)中,磁通诱导的相因子量取不同数值时电导随费米能级变化的关系曲线

为了更清楚地解释反共振带的形成,暂不考虑多体效应和外磁场,即 $U = B = 0$。其他相关参数取值如下:$\varepsilon_d = 0$, $t_0 = t = 1.0$, $\phi = 0$。图 8.3(a)为结构 $N = 1$ 的电导能谱,可以观察到两个共振峰和一个反共振点。反共振点是由电子波函数在三量子点环中通过两条不同路径时所产生的干涉相消引起的。随着量子点环数量 N 的增加(见图 8.3(b)~(f)),反共振点逐渐演变为反共振带,并且反共振带的

两侧边缘变得非常陡。例如 $N=5,6$,当 N 增加到一个很大的值时,一个非常好的绝缘带形成。从物理上可以这样来理解,每个三量子点环都可以被视为一个反共振单元。随着数量 N 的增加,反共振单元的数量也随之增加,这增强了系统在电子输运过程中的反共振行为。

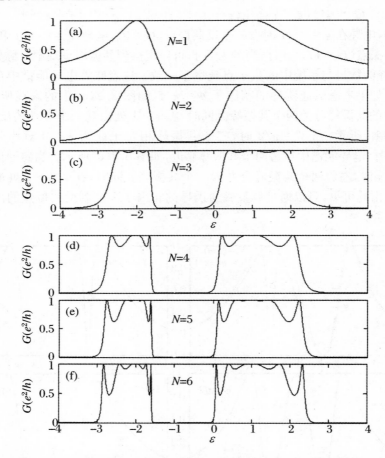

图 8.3 量子点环数量 N 取 1~6 时电导随费米能级变化的关系曲线

当我们引入磁通诱导的相因子 $\psi=\pi/2$ 后,反共振带的形成可以在图 8.4 中清楚地观察到。其反共振行为与图 8.3 结果基本相同。此外,无论 N 的大小如何变化,电导曲线始终在能级 $\varepsilon=0$ 位置处呈对称分布。因此,两个绝缘带保持对称性,它们的宽度是相等的。比较图 8.3 和图 8.4,我们可以知道,引入磁通诱导的相因子后,反共振带发生了移动,这可以实现电导在 0 和 1 之间相互转变。

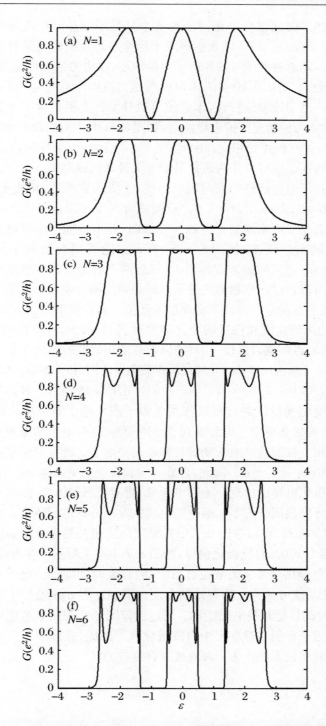

图 8.4　量子点环数量 N 取 1~6 时电导随费米能级变化的关系曲线

　　图 8.5 描述了磁通诱导的相因子对 6 个三量子点环结构电导的影响。对于 $\psi=\pi/4$,如图 8.5(a)所示,可以观察到两个绝缘带。左边的绝缘带宽度大于右边的绝缘带宽度。随着磁通诱导的相因子量的增加,左边的绝缘带宽度减小,右边的绝缘带宽度增大,如图 8.5(b)和图 8.5(c)所示。值得注意的是,当 $\psi=\pi$ 时,左边的绝缘带消失。基于该输运特性,本系统可被开发作为磁控量子开关。我们比较了 $\psi=\pi$ 和 $\psi=0$ 两种情况下的电导能谱,如图 8.5(d)中的实线和虚线所示。两个绝缘带在能级 $\varepsilon=0$ 位置处相交。因此,在 $\psi=0$ 或 $\psi=\pi$ 条件下,可以实现零电导与非零电导的转换。这可以作为磁控量子开关设计的原理。

　　图 8.6 描述了电导能谱与点间耦合强度 t_0 的函数关系,相关参数取值如下: $N=6,\varepsilon_d=0,B=0,\psi=\pi/2,t=1.0$。点间耦合强度可以通过控制相邻量子点之间电压的隧穿势垒厚度来调节。当 $t_0=0.2$ 时,在电导能谱中可以观察到三组峰和两个边界很陡的绝缘带,如图 8.6(a)所示。随着耦合强度 t_0 的增加,如图 8.6(b)~(d)所示,每组峰的宽度都增大,导致两个绝缘带的宽度减小。这意味着绝缘带的位置可以通过调节相邻三量子点环之间的耦合强度来调节。根据传输特性,可以通过调节点间耦合强度来实现量子开关。需要指出的是,当点间耦合强度 t_0 值较大时,绝缘带宽度和位置的变化非常微弱,如图 8.6(e)和图 8.6(f)所示。这意味着,较大的点间耦合强度 t_0 对绝缘带宽度和位置的影响很小。

　　图 8.7 展示了结构尺寸 $N=6$ 的自旋相关电导能谱,相关参数取值如下: $\psi=0,\varepsilon_d=0,U=0,t_0=t=1.0,B=0.2$。现在我们讨论该系统作为一种高效自旋过滤器的可能性。塞曼磁场可以通过栅极作用于量子点。电子能级由于塞曼效应而分裂,这将导致自旋极化现象。电导受到塞曼磁场的影响,电子的磁矩在电子输运中起着重要的作用。自旋简并电子变成自旋非简并电子。所有量子点的能级可以取 $\varepsilon_{ij\uparrow}=\varepsilon_d+B$ 和 $\varepsilon_{ij\downarrow}=\varepsilon_d-B$。因此,自旋向上和自旋向下的电导能谱会发生变化,从而导致自旋极化电导的出现。为简单起见,暂不考虑多体效应的影响,即 $U=0$,同时外磁通诱导的相因子为零。通过一个实例对该方案进行研究。施加一个有限的外磁场,即 $B=0.2$。可以在图 8.7 中观察到自旋相关的电导能谱。正如预期的那样,出现了四个 100% 自旋极化窗口,如图 8.7 中箭头所示。在自旋极化窗中,自旋向上(向下)电子几乎可以完全通过系统,但自旋向下(向上)电子的输运是被禁止的。因此,该系统可作为一种有效的自旋过滤器。图 8.8 给出了磁通诱导的相因子 $\psi=\pi/2$ 时的自旋相关电导能谱。通过比较图 8.7 和图 8.8 能够发现当考虑磁通诱导的相因子后仍然存在多个自旋极化窗。因此,在环中引入磁通诱导的相因子后并不影响将该系统作为一种有效的自旋过滤器。

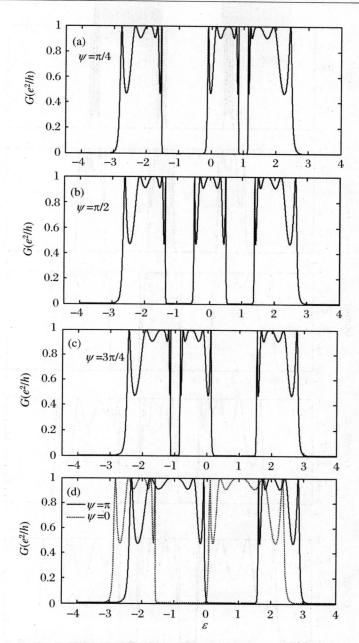

图 8.5　量子点环数量 $N = 6$ 时电导随费米能级变化的关系曲线

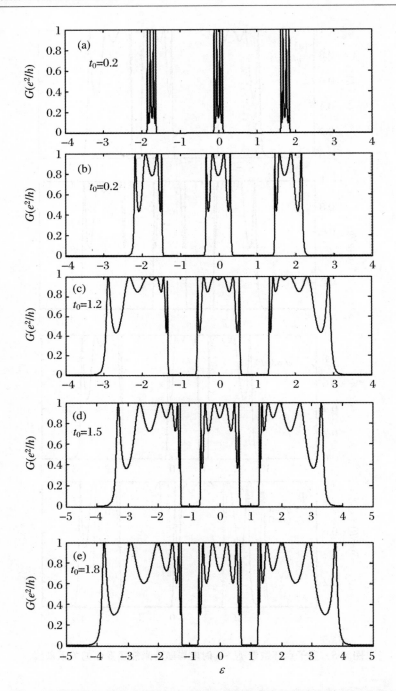

图 8.6 量子点环间耦合强度 t_0 不同时电导随费米能级变化的关系曲线

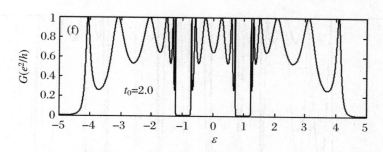

图 8.6 量子点环间耦合强度 t_0 不同时电导随费米能级变化的关系曲线(续)

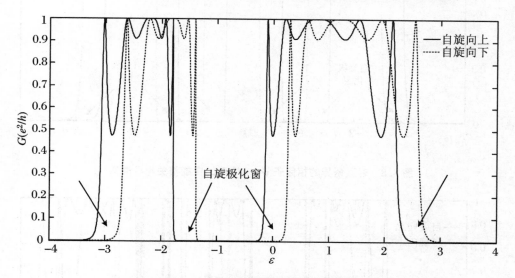

图 8.7 自旋相关的电导随费米能级变化的关系曲线

多体效应对量子点电输运特性起着重要的作用。多体效应通常只考虑量子点内部电子之间库仑相互作用。由于考虑了点内库仑相互作用,可以用二阶近似截断运动方程中的高阶项来研究。(8.8)式中的对角矩阵元 $g_{lm\sigma}$ 可改写为 $g_{lm\sigma} = [(\varepsilon - \varepsilon_{lm})(\varepsilon - \varepsilon_{lm} - U_{lm})/(\varepsilon - \varepsilon_{lm} - U_{lm} + U_{lm}n_{lm\bar{\sigma}})]^{-1}$。量子点内电子之间库仑相互作用对自旋相关电导的影响,如图 8.9 所示。相关参数取值如下:$\varepsilon_d = 0$,$B = 0.2, U = 2.0, t_0 = t = 1.0$。假设所有量子点内电子之间库仑相互作用 $U_{ij\sigma}$ 是相同的,$U_{ij\sigma} = U$,结构尺寸 $N = 6$。从自旋电导能谱中可以观察到更多的自旋极化窗口,这归因于量子点内电子之间库仑相互作用。每个绝缘带的两个陡峭的边缘仍然存在。这意味着考虑多体效应后,该系统仍可作为一种有效的自旋过滤器。当环中引入磁通诱导的相因子 $\psi = \pi/2$ 时,如图 8.10 所示,仍然能出现许多自旋极化窗。这意味着环中引入磁通诱导的相因子后,该系统仍可作为一种有效的自旋过滤器。

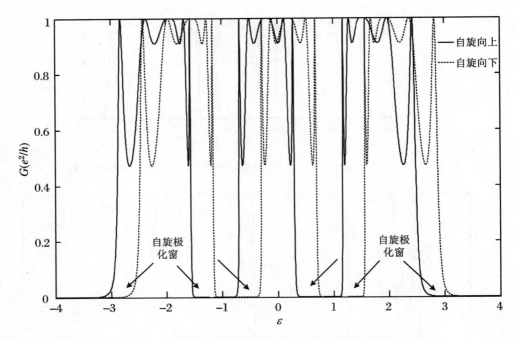

图 8.8 磁通诱导的相因子 $\psi = \pi/2$ 时的自旋相关电导能谱

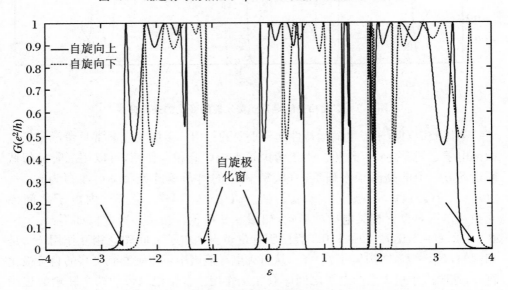

图 8.9 当考虑点内库仑相互作用时,自旋电导随费米能级变化的关系曲线

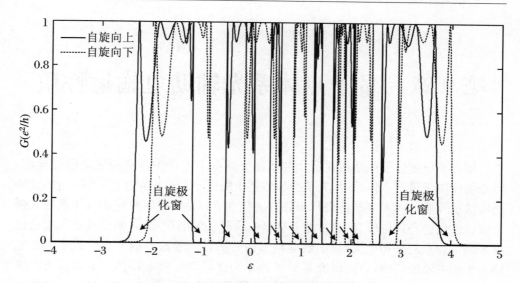

图 8.10　自旋电导随费米能级变化的关系曲线

本 章 小 结

　　利用非平衡格林函数方法研究了多三量子点环系统的量子输运特性。当施加磁场时,电导能谱中出现一个额外的反共振点。反共振点的存在可以通过控制磁通诱导的相因子量来调节。随着三量子点环数目的增加,两个反共振点逐渐转变为两个绝缘带。绝缘带的宽度和位置可以通过改变磁通诱导的相因子或相邻三量子点环之间的耦合强度来调节。在环中引入磁通诱导的相因子后,在特定费米能级处电导发生零和非零的变化。根据这一特性,该系统可作为磁控量子开关使用。当塞曼磁场作用于量子点时,由于塞曼分裂,自旋相关的电导能谱中出现了几个自旋极化窗。因此,该系统可以实现自旋过滤。如果考虑点内库仑相互作用,自旋相关的电导能谱中出现了更多的自旋极化窗,这表明该体系仍然可以设计为自旋过滤器。目前的发现为未来纳米器件的设计和量子计算提供了参考。

第9章 量子点体系光辅助电输运性质

耦合半导体量子点结构在设计和研制介观电子器件中具有一定的研究价值，当光场作用于量子点体系时，光子会与体系中的电子发生相互作用，产生新的光辅助电输运性质。利用非平衡格林函数方法和 MATLAB 程序对量子点体系的光辅助输运性质进行理论研究，通过调节模型中含时外场的振幅、频率以及点间耦合强度来调节体系的平均电流，根据数据和图像分析各项参数对量子点体系光辅助电输运平均电流的影响，进而研究量子点体系的光辅助电输运特性。本章所研究的内容不仅对介观体系的电输运的物理性质进行了补充，也为未来介观量子器件的研制提供了理论支持。

9.1 耦合三量子点系统光辅助电输运模型与公式

设计一个耦合三量子点理论模型，如图9.1所示。模型分成左、右电极和中间介观结构三个区域，量子点1通过左右理想导体引线与外部左、右电极相连接实现耦合，量子点1,2,3之间也分别存在耦合。为计算方便，量子点间和量子点内库仑相互作用暂时忽略不计。调节直流偏压可以人为控制左右电极中的化学势，相互作用区域的共振能级可以通过栅极电压调节。整个体系的电流可以在三个区域之间隧穿。其中含时外场可作用于左右两个电极和量子点上。

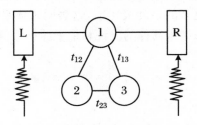

图9.1 耦合三量子点系统示意图

在模型的左、右两个电极上分别施加直流偏压 V_L 和 V_R，加入的含时外场参数为 $W_L(t) = W_L\cos(\omega t)$，$W_R(t) = W_R\cos(\omega t)$ 和 $W_D(t) = W_D\cos(\omega t)$，式中 L,R,D 分别表示左、右两个电极和中间介观区域，W_L，W_R，W_D 分别代表含时外

场的振幅，ω 代表含时外场的频率。

耦合量子点体系的哈密顿量为

$$H = \sum_{\beta = L, R} H_\beta + H_D + H_T \tag{9.1}$$

式中，第一项 H_β 描述左右电极：

$$H_\beta = \sum_{k\sigma} \varepsilon_{k_\beta}(t) C_{k_{\beta\sigma}}^+ C_{k_{\beta\sigma}} \tag{9.2}$$

式中，β 为左右电极；$\varepsilon_{k_\beta}(t)$ 为电子的能级；

$$\varepsilon_{k_\beta}(t) = \varepsilon_{k_\beta}^0 + eV - eW_\beta(t) = \varepsilon_{k_\beta}^0 + eV_\beta - eW_\beta \cos(\omega t)$$

$C_{k_{\beta\sigma}}^+ (C_{k_{\beta\sigma}})$ 为电极中自旋因子为 σ 的电子的产生（湮灭）算符，k 为波矢量。

(9.1)式中，第二项 H_D 描述中间区域的量子点体系：

$$H_D = \sum_{\sigma, j=1,2,3} (\varepsilon_{j\sigma}(t) d_{j\sigma}^+ d_{j\sigma} + t_{12} d_{1\sigma}^+ d_{2\sigma} + t_{23} d_{2\sigma}^+ d_{3\sigma} + t_{13} d_{1\sigma}^+ d_{3\sigma} + \text{H.c.}) \tag{9.3}$$

式中，$d_{j\sigma}^+ (d_{j\sigma})$ 为量子点内电子的产生（湮灭）算符；量子点能级为 $\varepsilon_{j\sigma}(t) = \varepsilon_j^0 - eW_D \cos(\omega t)$，$\varepsilon_j^0$ 代表第 j 个量子点的单电子能级；t_{12}, t_{23}, t_{13} 代表量子点间的耦合强度。

(9.1)式中，第三项 H_T 描述电极与量子点间的电子隧穿：

$$H_T = \sum_{\beta = L, R} (t_{1\sigma\beta} C_{k_{\beta\sigma}}^+ + \text{H.c.}) \tag{9.4}$$

式中，$t_{1\sigma\beta}$ 为电极与量子点 1 之间的耦合强度，与波矢量 k 无关。在宽带近似下，推迟自能函数与线宽函数之间的关系式为：

$$\sum_{\beta\sigma}^r (t, t') = -\frac{i}{2} \delta(t - t') \Gamma_\sigma^\beta \tag{9.5}$$

式中，$\Gamma_{ll'\sigma}^\beta(\varepsilon, t, t') = 2\pi \rho_{\beta\sigma} t_{l\sigma\beta} t_{l'\sigma\beta}^* e^{i\int_{t'}^t W_\beta(\tau) d\tau}$，$\rho_{\beta\sigma}$ 代表电极中的电子态密度。

由此可得出与时间相关的电流表达式：

$$I_{\beta\sigma}(t) = -\frac{2e}{\hbar} \text{Im} \int_{-\infty}^t dt' \int \frac{d\varepsilon}{2\pi} \text{Tr} \{ e^{-i\varepsilon(t'-t)} \Gamma_\sigma^\beta(\varepsilon, t, t') [G^<(t, t') + f_\beta(\varepsilon) G_\sigma^r(t, t')] \} \tag{9.6}$$

式中，$f_\beta(\varepsilon) = \{1 + \exp[(\varepsilon - \mu_\beta)/k_B T]\}^{-1}$ 代表费米分布函数，左右电极的化学势为 $\mu_L = -\mu_R = V_{LR}/2$，$V_{LR}$ 为附加在左右电极上的直流偏压。

利用 Dyson 方程可导出推迟格林函数：

$$G_\sigma^r(t, t') = \int \frac{d\varepsilon}{2\pi} \exp[-i\varepsilon(t - t')] G_\sigma^r(\varepsilon) \tag{9.7}$$

$$G_\sigma^r(\varepsilon) = \{[g_\sigma^r(\varepsilon)]^{-1} - \Sigma_\sigma^r(\varepsilon)\}^{-1} \tag{9.8}$$

式中，$g_\sigma^r(\varepsilon)$ 为 $g_{ij}^r(t, t')$ 的傅里叶变换，"小于"格林函数 $G^< = G^r \Sigma^< G^a$，$G^a = (G^r)^+$。

将(9.7)式，(9.8)式代入(9.6)式中导出瞬时电流：

$$I_{\beta\sigma}(t) = -\frac{e}{\hbar} \int \frac{d\varepsilon}{2\pi} \text{TrIm} \{ 2f_\beta(\varepsilon) \Gamma_\sigma^\beta A_{\beta\sigma}(\varepsilon, t) + i\Gamma_\sigma^\beta \sum_{\alpha = L, R} f_\alpha(\varepsilon) A_{\alpha\sigma}(\varepsilon, t) \Gamma_\sigma^\alpha A_{\alpha\sigma}^+(\varepsilon, t) \} \tag{9.9}$$

式中，$A_{\beta\sigma}(\varepsilon,t) = \exp\left[\dfrac{ie(W_\beta)\sin(\omega t)}{\omega}\right]\sum_\chi J_\chi\left(\dfrac{W_\beta}{\omega}\right)e^{in\omega t}G_\sigma^r(\varepsilon_\chi)$，$J_\chi$ 为第一类贝塞尔函数，$\varepsilon_\chi = \varepsilon - \chi\omega$。

对(9.9)式求时间平均值可得体系平均电流：

$$\langle I \rangle = \dfrac{2e}{h}\int\dfrac{d\varepsilon}{2\pi}\sum_\chi \mathrm{Tr}\left\{\left[J_\chi^2\left(\dfrac{W_L}{\omega}\right)f_L(\varepsilon) - J_\chi^2\left(\dfrac{W_R}{\omega}\right)f_R(\varepsilon)\right]\boldsymbol{\Gamma}_\sigma^L G_\sigma^r(\varepsilon_\chi)\boldsymbol{\Gamma}_\sigma^R G_\sigma^a(\varepsilon_\chi)\right\}$$

$$(9.10)$$

9.2　含时外场和点间耦合强度对电输运性质的影响

　　根据上一小节的模型和数学公式推导，已得出了体系平均电流的公式(9.10)，现在可以进行数值计算并分析出量子点体系在光子辅助下的电输运性质。设置参数时，体系两端左右电极的直流偏压为 $V = 0.05$，体系温度为 $k_B T = 0.001$，量子点 1 与左右两个电极间的耦合强度为 $\Gamma_1^\beta = 0.2$，量子点能级假设为 $\varepsilon_{1(2,3,4)}^0 = \varepsilon_d$，$e = 1$，$h = 1$。为了方便计算并使函数图像更加直观，设置量子点间的耦合强度都相等，$t_{12} = t_{23} = t_{13}$。由于含时外场加在模型中左右电极上的效果与加在量子点体系上的效果相同，所以我们设置 W_D 恒为 0，只改变 W_L 和 W_R，且 $W_L = W_R$。

9.2.1　含时外场对量子点体系电输运的影响

　　图 9.2 描述了量子点间耦合强度 $t_{12} = t_{23} = t_{13} = t = 1$ 时，在有无含时外场作用的两种不同情况下，量子点体系的平均电流随量子点能级 ε_d 的变化曲线。物理参数 $\omega = 1$，实线为 $W_L = W_R = 0$，虚线为 $W_L = W_R = 1$。实线为无含时外场作用时量子点体系的平均电流变化曲线，从图中可以发现量子点体系不加含时外场，也就是 $W_L = W_R = 0$ 时，平均电流曲线在量子点能级 $\varepsilon_d = -1$ 以及 $\varepsilon_d = 2$ 位置处分别出现了一个主共振峰，$\varepsilon_d = 2$ 处的主共振峰的宽度明显比 $\varepsilon_d = -1$ 处的主共振峰的宽度窄。体系由三个量子点构成，而电流能谱中只给出了两个共振峰。这是因为 3 个量子点，每个量子点都是单能级量子点，一个能级对应一个峰，耦合三量子点体系模型中量子点 2 和量子点 3 是空间对称的，导致能级发生简并，因此只出现了两个峰。虚线为加入含时外场之后量子点体系的平均电流变化曲线，含时外场的参数为频率 $\omega = 1$，振幅 $W_L = W_R = 1$。此时，平均电流曲线在量子点能级 $\varepsilon_d = -1$ 以及 $\varepsilon_d = 2$ 位置处的主共振峰相比无含时外场时有所减小，而且在这两个主共振峰的两侧，位于 $\varepsilon = \pm h\omega$ 处产生了旁带共振峰。产生这一现象的原因是含时外场

加在量子点体系上之后,位于能级为 $\varepsilon_d = -1$ 和 $\varepsilon_d = 2$ 处的电子会吸收或放出一个光子。此外,含时外场作用下的主共振峰峰值与两侧的旁带峰的峰值之和等于无含时外场作用时的主共振峰峰值。在量子点能级 $\varepsilon_d = 1$ 的位置,分析有无含时外场的作用下该位置的平均电流。无含时外场时,此处的电流大小为零;而有含时外场时,此处电流为非零数值,这意味着有电流通过。因此,通过控制有无含时外场,可以实现电流在零与非零数值之间相互转换,利用这种电输运性质,该耦合量子点体系可以被研制成一种光控量子开关。

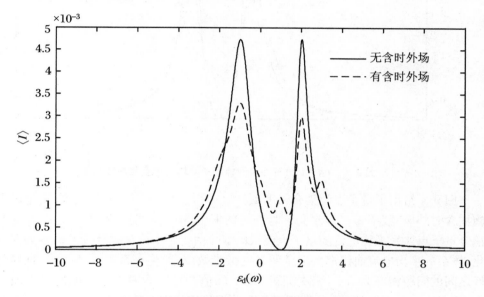

图 9.2 有无含时外场的平均电流变化曲线

图 9.3 展示了量子点间耦合强度 $t_{12} = t_{13} = 1$,$t_{23} = 0$ 时,在有无含时外场作用的两种不同情况下,量子点体系的平均电流随量子点能级 ε_d 的变化曲线。其他物理参数取值如下:$t_{12} = t_{13} = 1$,$\omega = 1$,实线为 $W_L = W_R = 0$,虚线为 $W_L = W_R = 1$。实线为无含时外场作用时量子点体系的平均电流变化曲线,从图中可以看出量子点体系不加含时外场,即 $W_L = W_R = 0$ 时,平均电流曲线在量子点能级 $\varepsilon_d = -2$ 以及 $\varepsilon_d = 2$ 位置处各出现了一个主共振峰;虚线为加入含时外场之后量子点体系的平均电流变化曲线,含时外场的参数为频率 $\omega = 1$,振幅 $W_L = W_R = 1$,此时的平均电流曲线在量子点能级 $\varepsilon_d = -2$ 以及 $\varepsilon_d = 2$ 位置处的主共振峰相比无含时外场时有所减小,而且也在这两个主共振峰 $\varepsilon = \pm\hbar\omega$ 处产生了旁带共振峰。相比于图 9.2,图 9.3 的平均电流曲线是左右对称的,且对称轴为 $\varepsilon_d = 0$。这是因为当 $t_{23} = 1$ 时如图 9.1 所示,量子点体系是一个耦合环路,环的出现会导致输运电子沿两个不同路径传输,而产生干涉效应,最终导致平均电流变化曲线不对称。而当 $t_{23} = 0$ 时,耦合环路就消失了,因此也就不存在电子沿环路输运产生的干涉效应。此时,

量子点结构在空间上具有简单对称性,从而导致电流能谱具有对称性。

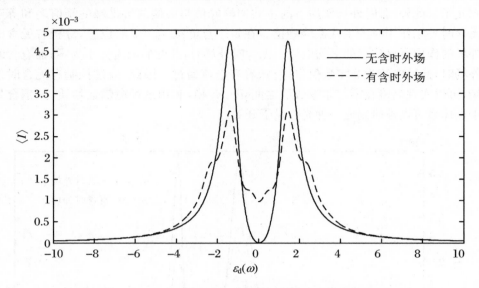

图9.3 $t_{23} = 0$ 时有无含时外场的平均电流变化曲线

图9.4给出了量子点间耦合强度 $t_{12} = t_{23} = t_{13} = t = 1$ 时,在系统左、右电极上施加含时外场,频率 $\omega = 3$,改变含时外场的振幅 $W_{L(R)}$,当振幅 $W_{L(R)} = 1, 3, 5$ 时耦合量子点体系平均电流随量子点能级的变化曲线。不论含时外场的振幅如何变化,体系的平均电流曲线都呈现了明显的旁带效应,产生一系列的共振峰,且峰与峰之间的间距相等为 $h\omega$。此外,旁带峰的峰值会随着含时外场振幅的增大而增大,位于 $\varepsilon_d = -1$ 以及 $\varepsilon_d = 2$ 附近两个主共振峰峰值则会随之逐渐减小。

图9.5描述了在不同频率的含时外场作用下,体系平均电流随量子点能级的变化曲线。我们设置含时外场的振幅 $W_L = W_R = 1$,量子点间耦合强度为 $t_{12} = t_{23} = t_{13} = t = 1$,含时外场的频率分别为 $\omega = 1.5, 2.0, 3.0$。从图中可知,三条平均电流曲线在含时外场作用下均在 $\varepsilon = \pm h\omega$ 处出现了旁带峰。而共振峰之间的叠加效应导致了图中的同一主共振峰的两个旁带峰不一致。以图9.5中的虚线为例,含时外场频率 $\omega = 1.5$,$\varepsilon_d = 2$ 处的主共振峰对应的两个旁带峰应分别出现在 $\varepsilon_d = 3.5$ 与 $\varepsilon_d = 0.5$;与 $\varepsilon_d = -1$ 处的主共振峰对应的两个旁带峰出现在 $\varepsilon_d = -2.5$ 与 $\varepsilon_d = 0.5$。在 $\varepsilon_d = 0.5$ 处,由于 $\varepsilon_d = 2$ 处的主共振峰的左侧旁带峰与 $\varepsilon_d = -1$ 处的主共振峰的右侧旁带峰存在叠加,因此造成了图中的旁带峰的不对称。此外,随着含时外场的频率 ω 不断增加,位于 $\varepsilon_d = -1$ 和 $\varepsilon_d = 2$ 位置处的两个主共振峰峰值增大,而其对应的旁带峰的峰值则变小。

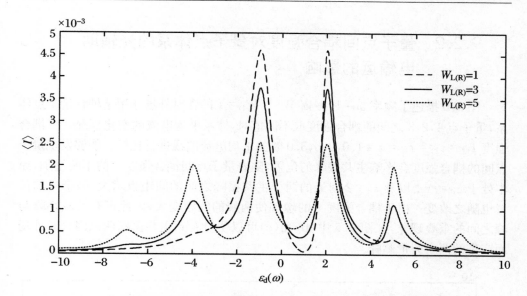

图 9.4 含时外场作用下,含时外场振幅 $W_{L(R)} = 1, 3, 5$ 时的平均电流变化曲线

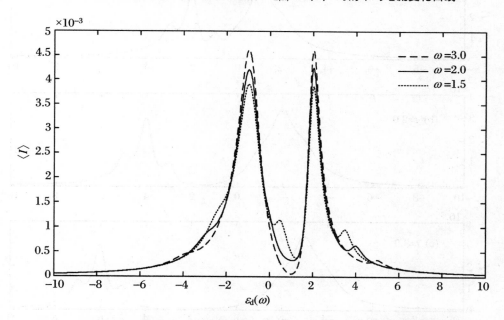

图 9.5 在含时外场作用下,含时外场频率 $\omega = 1.5, 2.0, 3.0$ 时的平均电流变化曲线

综合图 9.2～图 9.5 可得出,可以通过外加含时外场对耦合量子点体系的电输运进行人为干预以实现其某些特定的功能。改变含时外场的振幅和频率可以对体系平均电流的主共振峰峰值大小和旁带峰的峰值大小与位置进行调控。

9.2.2 量子点间耦合强度对量子点体系的光辅助 电输运的影响

图 9.6 描述了频率 $\omega = 1$,振幅 $W_L = W_D = 1$ 的含时外场作用于耦合量子点体系,量子点 1,2,3 之间的耦合强度取不同值时,体系平均电流的变化情况。将耦合强度 $t_{12} = t_{23} = t_{13} = t = 1.0, 2.0, 3.0$ 时的平均电流曲线进行比较。能够发现量子点间的耦合强度会影响主共振峰的位置,随着量子点间耦合强度 t 的不断增加,原本处于 $\varepsilon_d = -1$ 以及 $\varepsilon_d = 2$ 附近的两个主共振峰之间的间距也增大,旁带峰的位置也随之改变。由于耦合强度 t 的增加使两峰的间距变大,因此可有效减小峰与峰之间的重叠现象,如图 9.6 中(b)和(c)可以明显看到主共振峰两侧因含时外场而产生的两个旁带侧峰。

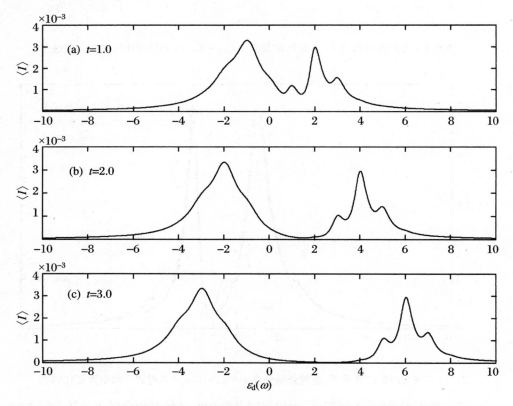

图 9.6 在含时外场作用下,点间耦合强度分别为 1.0, 2.0, 3.0 时的平均电流曲线

本 章 小 结

　　运用非平衡态格林函数推导出耦合量子点体系的平均电流表达式，并利用 MATLAB 程序绘制函数图像。从理论上研究了耦合量子点体系的光辅助电输运性质。本模型为耦合三量子点体系，电极加在某一量子点上，含时外场参数可以调控。

　　研究结论如下：

　　(1) 在含时外场作用下，平均电流变化曲线呈现明显的旁带效应；在某一能级处控制有无含时外场可以使平均电流曲线发生零与非零之间的变化，可利用此特性制作光控量子开关。

　　(2) 改变外加含外时场的振幅和频率，可以实现对体系平均电流的调控。含时外场的振幅越小，平均电流曲线的主共振峰峰值就越大，旁带峰的峰值则相应减小；含时外场的频率越大，平均电流曲线的主共振峰峰值就越大，旁带峰的峰值则会减小。且无论含时外场频率和振幅如何改变，平均电流曲线都会在主共振峰的两侧对称的出现一系列的旁带共振峰，旁带共振峰出现的位置在量子点能级距离主共振峰 $\varepsilon = \pm h\omega$ 处，峰与峰之间的间距相等为 $h\omega$。因此我们可以自由调控主共振峰的大小与旁带共振峰的大小与位置。

　　(3) 量子点间的耦合强度会影响主共振峰的位置，随着量子点间耦合强度的不断增加，平均电流的两个主共振峰之间的间距也会增大，其相应的旁带峰的位置也随之改变。

　　本书只是对耦合量子点体系的光辅助电输运进行了浅层的理论研究，对耦合量子点体系在光场作用下的一些特殊的电输运性质进行了研究。随着介观输运和量子点体系等相关领域的不断深入研究，未来拥有更完善的理论和实验时，将可以实现更小的介观器件的制作，并投入到工业生产中，造福社会。

第 10 章　量子点体系热电性质

自然界中有许许多多有趣的物理现象,热电现象就是其中一种,它代表的是热能和电能间的转化。自从 19 世纪初塞贝克和佩尔蒂埃发现了两种不同的热电效应以来,热电现象就吸引了理论和实验研究者的广泛注意。塞贝克发现温度梯度可以转化为电能,而佩尔蒂埃发现电子通过一种材料时同时携带电荷和热量。由于热电转换技术与热电效应有联系,因此,它具有很大的潜力与发展空间。这是因为热电发电机没有移动部件的固态设备,它们是无声的、可靠的和发展的。但是,除了特殊应用,如医疗应用、实验设备和空间任务外,大规模实施热电转化设备的愿景仍然难以实现,因为其效率较低。本章将从量子点领域分析与研究如何提高热电优值,即热电转化效率的提升,分析温度、左右电极自旋极化强度等因素对于热电优值的影响。

10.1　量子点热电性质综述

在国内,许多研究人员对量子点间热电现象进行了广泛的实验与理论研究。相关科研人员研究了量子点系统中的自旋塞贝克效应[57],得出了一些有意义的研究成果:三量子点环因为铁磁引线的作用,而使得其点间耦合强度与引线的铁磁性产生更大的效用,会产生更大的自旋热电势与自旋优值。量子干涉相消产生的效果亦会大幅增强。并且,因为它们之间的联系,亦能使引线磁矩变化,进而使自旋热电势产生变化。也有科研人员研究了耦合量子点系统热电和热自旋效应[58],发现了 Rashba 自旋轨道耦合对平行耦合双量子点系统热电势的影响。因为 Rashba 自旋轨道耦合会因自身的特殊性,产生对应的自旋相位因子,从而导致系统热电势的变化。在此变化中,Rashba 自旋轨道耦合与磁通诱导的相因子量的联合作用是热电势发生变化的关键因素,而在我们选择了合适的耦合强度与相对应的磁通诱导的相因子量后,同时考虑量子点间电子与电子的库仑作用影响下,应该能对热电势产生影响,也就是说它的导电作用会基本保持不变;并且,由于以上因素是影响热电势变化的重要因素,因此可以发现,在温度取合适数值时,热电势将会变得很大。

随着计算机技术的不断向前发展,量子点因其对微观现象的研究帮助,使它成为近年来的研究热点。尤其在最近十几年里,由于纳米技术的发展与进步,人们也已经可以通过量子点系统来研究各种各样的微观现象与应用,如阿哈罗诺夫-玻姆效应[59]、热电效应[60]、自旋极化输运[61]等。国家和人们都越来越注重环境卫生的问题,制造无污染、无危害、无浪费的"三无"产品则成为了现今制造业的一个首要问题。而因为微观结构的发现,就有了高热电优值的热电材料的出现。热电材料并不同于以往材料,它可以使电能和热能相互转化。其具有许许多多的优点,包括:体积小,重量轻,坚固且无噪音;温度控制可在 ±1 ℃内;不会造成任何环境污染;可回收热源并将其转化为电能,使用寿命长,易于控制。不过它的长处虽多,但通过它组建成的现代用品利用率比以前的材料组装成的用品利用率低,若能提高其热电材料的转化效率,将对现今的各个领域产生重大的影响。热电效率即热电优值 ZT,本章将从微观领域研究提高热电优值的方法。

本章主要研究在量子点间耦合强度保持不变的情况下,并在相对高温与相对低温条件下,左、右电极自旋极化强度等参数对电导、热导、热电势、热电优值的影响。研究对比左、右同一极化强度时,自旋向上与自旋向下的参数变化量;不同极化强度时,自旋向上电子与自旋向下电子热电参数的变化;在相对高温与相对低温时,自旋向上与自旋向下电子的热电参数如何变化。当我们对比温度、极化强度对自旋向上与自旋向下电导、热导、热电势与热电优值的影响,就可以得出一些结论,例如,在相对低温条件下,大的热电势更容易获得大的热电优值。自旋向下电子热电优值受左、右电极自旋极化强度变化比较明显,且随着左、右电极自旋极化强度增强而变大。在相对高温条件下小的热导率和大的热电势都可以获得大的热电优值。并且左、右电极自旋极化强度 $p_{L(R)}$ 取值越大越有利于系统获得大的热电优值。

10.2　理论方法

10.2.1　非平衡格林函数

在面对非平衡态时,加入时间的复回路 C 由 $t = -\infty$ 沿 t 轴演化到 $t = +\infty$,然后再由 $t = +\infty$ 沿 t 轴返回到 $t = -\infty$。那么,系综平均值就将一直出现在 $t = -\infty$ 的态上。解决非平衡态过程问题时,我们可以引入复编时格林函数

$$G(\tau_1, \tau_2) = \langle\langle A(\tau_1) B(\tau_2) \rangle\rangle = -\mathrm{i}\langle T_C[A(\tau_1) B(\tau_2)]\rangle \quad (10.1)$$

式中,τ_1, τ_2 为时间变量;算符 A, B 是费米子的产生或湮灭算符;T_C 为沿时间回路的时间排序算子,在 $t = -\infty$ 到 $t = +\infty$ 这一过程中,t 较小的算符出现在右边,

$t = +\infty$ 到 $t = -\infty$ 这一过程中，t 较大的算符出现在右边。

这时采用分离方法，就能用矩阵形式来表示如下：

$$G(\tau_1, \tau_2) = \begin{bmatrix} G_{ij}^{++} & G_{ij}^{+-} \\ G_{ij}^{-+} & G_{ij}^{--} \end{bmatrix} \tag{10.2}$$

在研究过程中，我们还引入了"编时""反编时""小于""大于""推迟"和"超前"格林函数：

$$G^{<}(t_1, t_2) = \langle\langle A(t_1^+), B(t_2^-) \rangle\rangle = +\mathrm{i}\langle B(t_2)A(t_1)\rangle \tag{10.3}$$

$$G^{>}(t_1, t_2) = \langle\langle A(t_1^-), B(t_2^+) \rangle\rangle = -\mathrm{i}\langle A(t_1)B(t_2)\rangle \tag{10.4}$$

$$G^{T}(t_1, t_2) = \langle\langle A(t_1^+), B(t_2^+) \rangle\rangle = +\mathrm{i}\langle T_C[B(t_2)A(t_1)]\rangle$$
$$= (t_1 - t_2)G^{>}(t_1, t_2) + \theta(t_2 - t_1)G^{<}(t_1, t_2) \tag{10.5}$$

$$G^{\overline{T}}(t_1, t_2) = \langle\langle A(t_1^-), B(t_2^-) \rangle\rangle = -\mathrm{i}\langle \overline{T}_C[B(t_2)A(t_1)]\rangle$$
$$= (t_2 - t_1)G^{>}(t_1, t_2) + \theta(t_1 - t_2)G^{<}(t_1, t_2) \tag{10.6}$$

$$G^{a}(t_1, t_2) = \langle\langle A(t_1), B(t_2) \rangle\rangle^{a} = +\mathrm{i}\theta(t_2 - t_1)\langle B(t_2)A(t_1)\rangle \tag{10.7}$$

$$G^{r}(t_1, t_2) = \langle\langle A(t_1), B(t_2) \rangle\rangle^{r} = -\mathrm{i}\theta(t_1 - t_2)\langle A(t_1)B(t_2)\rangle \tag{10.8}$$

式中，t^+, t^-：时间上轴的变量和时间下轴的变量；

$T, \overline{T}$：意味着时间上轴的算符和时间下轴的算符；

$\{A, B\}$：可以理解为反对易关系。

其中六种函数的关系为

$$G^{a} = G^{T} - G^{>} = G^{<} - G^{\overline{T}} = -\theta(t_2 - t_1)(G^{>} - G^{<}) \tag{10.9}$$

$$G^{r} = G^{T} - G^{<} = G^{>} - G^{\overline{T}} = +\theta(t_1 - t_2)(G^{>} - G^{<}) \tag{10.10}$$

由此可得

$$G^{T} + G^{\overline{T}} = G^{>} + G^{<} \tag{10.11}$$

$$G^{r} - G^{a} = G^{>} - G^{<} \tag{10.12}$$

10.2.2　Langreth 定理

若复编时格林函数

$$A(\tau_1, \tau_2) = \int_C \mathrm{d}\tau B(\tau_1, \tau)C(\tau, \tau_2) \tag{10.13}$$

则与之对应的实时格林函数有如下公式：

$$A^{r}(t_1, t_2) = \int_{-\infty}^{+\infty} \mathrm{d}t B^{r}(t_1, t)C^{r}(t_{t2}) \tag{10.14}$$

$$A^{a}(t_1, t_2) = \int_{-\infty}^{+\infty} \mathrm{d}t B^{a}(t_1, t)C^{a}(t_{t2}) \tag{10.15}$$

$$A^{<}(t_1, t_2) = \int_{-\infty}^{+\infty} \mathrm{d}t [B^{r}(t_1, t)C^{<}(t, t_2) + B^{<}(t_1, t)C^{a}(t, t_2)]$$

$$\tag{10.16}$$

$$A^<(t_1, t_2) = \int_{-\infty}^{+\infty} dt \left[B^r(t_1, t) C^>(t, t_2) + B^>(t_1, t) C^a(t, t_2) \right]$$

$$\tag{10.17}$$

10.2.3　Dyson 方程

复编时格林函数的 Dyson 方程形式与 $T = 0$ 时的格林函数方程形式相同,与其相比,不对应的则是积分是在整个时间回路中运行:

$$G(\tau_1, \tau_2) = G_0(\tau_1, \tau_2) + \int_C d\tau_3 \tau_4 G_0(\tau_1, \tau_3) \Sigma(\tau_3, \tau_4) G(\tau_4, \tau_2)$$

$$\tag{10.18}$$

其中,G_0 为自由粒子格林函数;Σ 为自能项。(10.18)式通常可简记为 $G = G_0 + G_0 \Sigma G$。应用 Langreth 定理,就可以得到实时格林函数所满足的方程:

$$G^r = G_0^r \Sigma^r G^r \tag{10.19}$$

$$G^a = G_0^a + G_0^a \Sigma^a G^a \tag{10.20}$$

$$G^< = (1 + G^r \Sigma^r) G_0^< (1 + \Sigma^a G^a) + G^r \Sigma^< G^a \tag{10.21}$$

$$G^> = (1 + G^r \Sigma^r) G_0^> (1 + \Sigma^a G^a) + G^r \Sigma^> G^a \tag{10.22}$$

在以上 4 个实时格林函数中,独立的只有 3 个,且 $G^r - G^a = G^> - G^<$。(10.20)式所代表的方程即是 Keldysh 方程。

10.3　铁磁电极作用下耦合三量子点环自旋热电输运的理论研究

在科技飞快进步的今天,微观领域的研究已经是现在研究中的一个不容忽视的方向,越来越多的研究人员通过量子点体系模型对现如今的各种物理现象已经有了比较深的研究。对单量子点理论模型、双量子点结构人们展开了大量的实验和理论研究。但是,能够发现对于铁磁电极作用下耦合三量子点环自旋热电输运的理论研究,还很少报道,特别是针对三量子点环的研究来说更是如此。因为三量子点环的特殊性,当同时考虑量子点间耦合强度与塞曼磁场时,两者的相互作用可以增强自旋极化和自旋热电势的值。

10.3.1　理论模型

首先,假设一个三量子点环,其中只有量子点 1 同时与两个电极耦合。如图

10.1 所示。

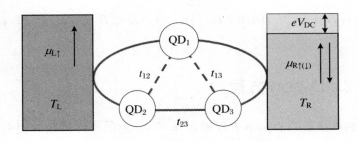

图 10.1　三量子点环结构图

为了研究方便,可以设每个量子点中有且只有一个自旋简并的能级,且量子点是全同的。这样整个系统可用以下哈密顿量描述:

$$H = \sum_{\beta = L, R} H_\beta + H_{dot} + H_T \tag{10.23}$$

第一项,H_β 描述了左右两个铁磁电极:

$$H_\beta = \sum_{k, \sigma} \varepsilon_{k\sigma\beta} C^+_{k\beta\sigma} C_{k\beta\sigma} \tag{10.24}$$

其中,$C^+_{k\beta\sigma}$($C_{k\beta\sigma}$)是电极 $\beta \in (L, R)$ 中电子的产生(湮没)算符,$\varepsilon_{k\sigma\beta}$ 表示相应的单粒子能量。

哈密顿量第二项描述三量子点系统:

$$H_{dot} = \sum_{\sigma, j = 1, 2, 3} (\varepsilon_{j\sigma} + \sigma B/2) d^+_{j\sigma} d_{j\sigma} - (t_{12\sigma} d^+_{1\sigma} d_{2\sigma} + t_{13\sigma} d^+_{1\sigma} d_{3\sigma} + t_{23\sigma} d^+_{2\sigma} d_{3\sigma} + \text{H.c.})$$

$$\tag{10.25}$$

其中,$d^+_{j\sigma}$($d_{j\sigma}$)表示具有量子点能级 $\varepsilon_{j\sigma}$ 的产生(湮灭)算符,t_{12}(t_{23},t_{13})是量子点 1(2,3)和点 2(3,1)之间的隧穿耦合,B 为塞曼磁场强度。

方程(10.23)中最后一项的 H_T 展示了点和电极相互间发生的电子隧穿,形式如下:

$$H_T = \sum_{k\sigma} (t_{1L\sigma} C^+_{kL\sigma} d_{1\sigma} + t_{1R\sigma} C^+_{kR\sigma} d_{1\sigma} + t_{2L\sigma} C^+_{kL\sigma} d_{2\sigma} + t_{3R\sigma} C^+_{kR\sigma} d_{3\sigma} + \text{H.c.})$$

$$\tag{10.26}$$

式中,$t_{1\beta\sigma}$($\beta \in (L, R)$)描述量子点 1 与铁磁电极 β 间隧穿耦合,$t_{2L\sigma}$($t_{3R\sigma}$)代表量子点 2(3)与铁磁电极 L(R)间隧穿耦合。

运用非平衡格林函数理论方法对其进行分析计算后,就能得到以下关系:

$$I = \frac{e}{\hbar} \int \frac{d\varepsilon}{2\pi} [f_L(\varepsilon) - f_R(\varepsilon)] \tau(\varepsilon) \tag{10.27}$$

$$I_Q = \frac{1}{\hbar} \int \frac{d\varepsilon}{2\pi} (\varepsilon - \mu_\beta) [f_L(\varepsilon) - f_R(\varepsilon)] \tau(\varepsilon) \tag{10.28}$$

式中,$f_\beta(\varepsilon) = \{1 + \exp[(\varepsilon - \mu_\beta)/k_B T_\beta]\}^{-1}$ 为 $\beta = L, R$ 中的电子费米分布函数。$\tau(\varepsilon) = \text{Tr}[\boldsymbol{G}^a(\varepsilon) \boldsymbol{\Gamma}^R \boldsymbol{G}^r(\varepsilon) \boldsymbol{\Gamma}^L]$。其中,$\boldsymbol{\Gamma}^\beta$ 为线宽矩阵,而矩阵元用 $\Gamma^\beta_{jj'}(\varepsilon, t, t')$

$= 2\pi\rho_\beta t_{j\beta} t_{j'\beta}^*$ 来表示。ρ_β 是 β 中的电子态密度，$t_{j\beta}$ 为前面所提到的量子点 $1(2)$ 和电极之间的隧穿耦合，实验时量子点和电极间的隧穿耦合是一个不变值。满足宽带极限时，$\boldsymbol{\Gamma}^\beta$ 矩阵用下列式子来表示：

$$\boldsymbol{\Gamma}_\sigma^L = \begin{bmatrix} \Gamma_{1\sigma}^L & \sqrt{\Gamma_{1\sigma}^L \Gamma_{2\sigma}^L} & 0 \\ \sqrt{\Gamma_{1\sigma}^L \Gamma_{2\sigma}^L} & \Gamma_{2\sigma}^L & 0 \\ 0 & 0 & 0 \end{bmatrix} \tag{10.29}$$

和

$$\boldsymbol{\Gamma}_\sigma^R = \begin{bmatrix} \Gamma_{1\sigma}^R & 0 & \sqrt{\Gamma_{1\sigma}^R \Gamma_{3\sigma}^R} \\ 0 & 0 & 0 \\ \sqrt{\Gamma_{1\sigma}^R \Gamma_{3\sigma}^R} & 0 & \Gamma_{3\sigma}^R \end{bmatrix} \tag{10.30}$$

这里，$\Gamma_j^\beta (j=1,2)$ 是 Γ_{jj}^β 的缩写。

运用运动学方程，就能得到"推迟"格林函数

$$\boldsymbol{G}^r(\varepsilon) = \begin{bmatrix} \varepsilon - \varepsilon_1 + \dfrac{i}{2}(\Gamma_1^L + \Gamma_1^R) & t_{12} + \dfrac{i}{2}\sqrt{\Gamma_1^L \Gamma_2^L} & t_{13} + \dfrac{i}{2}\sqrt{\Gamma_1^R \Gamma_3^R} \\ t_{12} + \dfrac{i}{2}\sqrt{\Gamma_1^L \Gamma_2^L} & \varepsilon - \varepsilon_2 + \dfrac{i}{2}\Gamma_2^L & t_{23} \\ t_{13} + \dfrac{i}{2}\sqrt{\Gamma_1^R \Gamma_3^R} & t_{23} & \varepsilon - \varepsilon_3 + \dfrac{i}{2}\Gamma_3^R \end{bmatrix}$$

$$\tag{10.31}$$

此外，根据 $\boldsymbol{G}^a(\varepsilon) = [\boldsymbol{G}^r(\varepsilon)]^+$ 来进一步求出"超前"格林函数 $\boldsymbol{G}^a(\varepsilon)$。而处于线性响应这一状态时，因为温度梯度而导致的电压能视为与其无关，所以在体系中的电流和热流就能用以下式子来表示：

$$I_e = e^2 L_0 \Delta V + \frac{eL_1}{T}\Delta T \tag{10.32}$$

$$I_Q = -\sum \left(eL_1 \Delta V + \frac{L_2}{T}\Delta T \right) \tag{10.33}$$

式中，$L_n \equiv \dfrac{1}{\hbar}\displaystyle\int \dfrac{\mathrm{d}\varepsilon}{2\pi}(\varepsilon - \mu)^n \left(-\dfrac{\partial f(\varepsilon)}{\partial\varepsilon} \right)\tau(\varepsilon)$，其中，$n = 0,1,2$。因为线性响应，源漏电极中的化学势与温度可以满足 $\mu_L = \mu_R$ 和 $T_L = T_R = T$ 这样的关系。系统的电导与热导就能用 $G = e^2 L_0$ 和 $\kappa_e = [L_2 - (L_1)^2/L_0]/T$ 来代替。而塞贝克系数可以通过 $S = \Delta V/\Delta T = -L_1/(eTL_0)$ 展示出来。系统的热电转换效率亦能用 $ZT = GS^2 T/(\kappa_e + \kappa_{ph})$ 来表示，其中，κ_{ph} 是由系统中心区域热导中声子产生的，在实验中此项对热电优值的影响较小，因此在本书中忽略此项。

10.3.2　系统电导数值结果与讨论

通过上一节获得的公式，首先数值计算研究了三量子点干涉仪系统有无含时

外场作用下电荷及自旋输运特性。在下面的分析中，设置左、右电极偏置电压 V_{LR} = $0.05\Gamma_0$，系统温度 $k_BT = 0.001\Gamma_0$，点-电极耦合强度 $\Gamma_1^{L(R)} = \Gamma_2^L = \Gamma_3^R = 0.2\Gamma_0$，其中，$\Gamma_0$ 为能量的单位。而为了能更清晰浅显地观察到电输运的物理特性图像，可以使 $\varepsilon_1 = \varepsilon_2 = \varepsilon_3 = \varepsilon_d$，约化普朗克常数设定为 $\hbar = 1.0$，电子电量设定为 $e = 1.0$。

系统模型可以被看成是一个干涉仪，存在两个主要支路，上支路为左电极—点 1—右电极；下支路为左电极—点 2—点 3—右电极。图 10.2(a) 主要研究 $t_{12(13)}$ 变化时的系统电导。系统其他参数取值如下：$t_{23} = 1.0$，$\varepsilon_d = 0$，$B = 0$，$p_L = p_R = 0$，$W_L = W_R = 0$。为了对比，首先研究量子点 1 与点 2(3) 之间无耦合（即 $t_{12} = t_{13} = 0$）时的电导。从电导能谱中能够观察到三个电导共振峰，一个电导共振峰位于 $\varepsilon = 0$ 处，另外两个电导共振峰分别位于 $\varepsilon = \pm t_{23}$ 能级处。当 $t_{12} = t_{13} < 0.1$ 时，3 个共振峰的变化很小。此时，可以把量子点 1 与点 2(3) 之间的弱耦合看作是对系统电导的一种微扰。当 $t_{12(13)}$ 增强时（$t_{12(13)} < 1.0$），在正能级范围共振峰表现出一种能级吸引现象，最终两个能级合并。此外，在 $t_{12(13)} = 1.0$ 附近，能够在电导能谱中观察到一个共振峰和一个 Fano 共振（如图中虚线所围的区域）。为了研究 Fano 共振变化的细节，图 10.2(b) 给出了点间耦合强度 $0.7 < t_{12(13)} < 1.2$ 的三维曲线图。在电导能谱中，能够观察到仅一个反共振点出现在电子能级 $\varepsilon = 1.0$ 附近。此时上下支路的耦合增强，使得电子通过上下支路的干涉相消加强，因此一个反共振点出现在电导能谱中。两个共振能级简并，同时反共振点移至共振能级区域，共振与反共振的相互作用导致出现 Fano 效应。随着点间耦合强度 $t_{12(13)}$ 的增加，这个反共振点向高电子能级方向移动，这种移动导致 Fano 共振的尾巴的方向发生了反向。

当点间耦合强度 $t_{12(13)}$ 足够强时（$t_{12(13)} > 1.5$），如图 10.2(a) 所示，三个电导峰宽度都不变，此外一个电导共振峰始终位于电子能级 $\varepsilon = t_{23}$ 处，而两侧峰分别向正负高能级方向移动。点 2 到点 3 的支路成为次要输运通道，而点 1 到点 2 的支路和点 1 到点 3 的支路成为主要的电子输运通道。这意味着，强耦合强度 $t_{12(13)}$ 并不能改变电导线型，但可以改变系统部分电导共振峰的位置。

图 10.3 描述了三量子点体系电导自旋极化率。三量子点间耦合强度均为 1.0（即 $t_{12} = t_{13} = t_{23} = 1.0$）。当右侧铁磁电极自旋极化率由 -1 逐渐增大到 $+1$ 时，除电子能级 $\varepsilon = -2.0$ 和 $\varepsilon = 1.0$ 位置附近以外，系统电导自旋极化率由 -1 变化到 $+1$。能够发现电子能级 $\varepsilon = -2.0$ 和 $\varepsilon = 1.0$ 位置附近之外的电子能级谱中电导自旋极化率随右侧铁磁电极极化强度 p_R 变化的曲线斜率为 1.0。然而，在电子能级谱中 $\varepsilon = 1.0$ 处电导自旋极化率出现反常行为，曲线斜率为 -1.0。这种反常现象的出现主要源于 Fano 峰的出现。这使得我们能够通过调节电子能级来实现 p_I 在 -1 和 1 之间相互转变。并且，在右侧铁磁电极自旋极化率 $p_R = 0$ 时，系统自旋向上的电导与自旋向下的电导相同，系统电导自旋极化率 $p_I = 0$。基于此，通过

控制 $p_R = 0$ 或 1，p_I 能够实现在 0 与 1 两者间相互变换。因此，系统可以被设计成自旋极化脉冲器件。

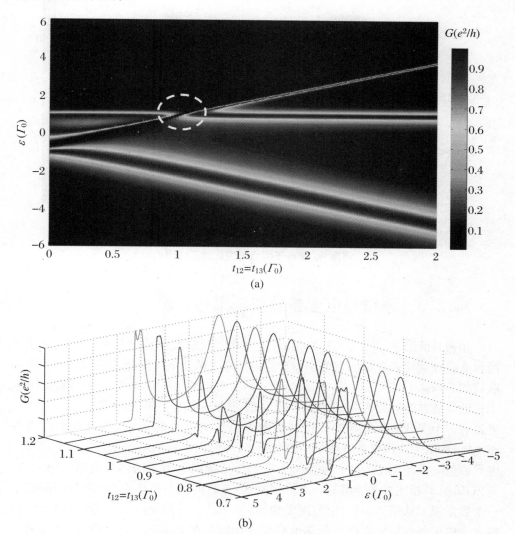

图 10.2　无含时外场作用时电导随电子能级 ε 与点间耦合强度 $t_{12(13)}$ 变化的三维图

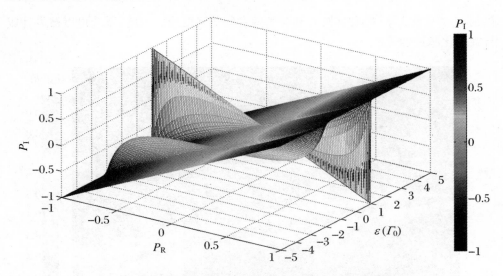

图 10.3　系统电导自旋极化率 p_I 随右侧铁磁电极磁极化
强度 p_R 和电子能级 ε 变化的三维图

10.3.3　系统热电参量数值结果与讨论

在相对低温 $k_B T/\Gamma_0 = 0.03$ 时,左右电极极化强度 $p_{L(R)} = 0.9$。图 10.4 中实线和点线分别代表自旋向上电子和自旋向下电子的热电参量变化曲线。其他参数取值如下:$t_{12} = t_{13} = t_{23} = 1.0$;$\omega = 1.0$;$W_{L,R} = 1.0$。从图 10.4(a) 中自旋向上电子的电导能谱能够发现,在能级 $\varepsilon_d = 2$ 位置处有一个电导峰,而在能级 $\varepsilon_d = -1$ 位置处有一个类 Fano 电导峰。在自旋向下电子的电导能谱中,可以发现在能级 $\varepsilon_d = -1$ 和 $\varepsilon_d = 2$ 位置处有两个小的电导峰,峰值大小均明显小于自旋向上电子的电导数值。由图 10.4(b) 中自旋向上电子与自旋向下电子的热导能谱能够发现,与图 10.4(a) 相比电子能谱趋势大体相同,但是数值大小相较于图 10.4(a) 降低了一个数量级。从图 10.4(c) 中可以发现,除了 $\varepsilon_d = -1$ 和 $\varepsilon_d = 2$ 附近能级以外,自旋向上电子与自旋向下电子的热电势完全相同。在能级 $\varepsilon_d = -1$ 附近,自旋向下电子的热电势明显大于自旋向上电子的热电势。在能级 $\varepsilon_d = 2$ 附近,也展示了相同的性质。并且热电势最大数值为 4.0。热电势给出了正负数值,其中正的热电势对应于电子输运的结果,而负的热电势对应于空穴输运的结果。图 10.4(d) 给出了自旋相关热电优值随量子点能级的变化关系曲线,能够发现 $\varepsilon_d = -1$ 和 $\varepsilon_d = 2$ 附近能级位置处自旋向下电子的热电优值明显增强,这是由于热电势在这两个能级位置处出现最大值所导致的。能够发现热电优值最大值超过了 7.0。自旋向下电子的热电优值在 $\varepsilon_d = -2$ 附近能级位置处明显增强,对应热电势也是在此能级处有明显增强。因此,能够得出结论,大的热电势更容易获得大的热电优值。

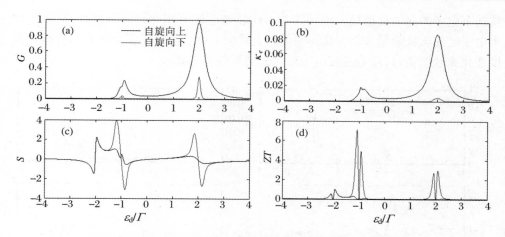

图 10.4　电导 G、热导 κ_e、热电势 S 和热电优值 ZT 随量子点能级 ε_d 变化的关系曲线

在相对低温 $k_B T/\Gamma_0 = 0.03$ 和左、右电极极化强度 $p_{L(R)} = 0.5$ 时，其他参数取值如下：$t_{12} = t_{13} = t_{23} = 1.0$；$\omega = 1.0$；$W_{L,R} = 1.0$。从图 10.5（a）中自旋向上电子的电导能谱能够发现，在能级 $\varepsilon_d = 2$ 位置处有一个电导峰，而在能级 $\varepsilon_d = -1$ 位置处的类 Fano 电导峰变得越来越不明显。在自旋向下电子的电导能谱中，可以发现在能级 $\varepsilon_d = 2$ 和 $\varepsilon_d = -1$ 位置处有两个电导峰，峰值大小均小于自旋向上电子的电导数值，但与图 10.5（a）相比较，数值明显变大。从图 10.5（b）中自旋向上电子与自旋向下电子的热导能够发现，与图（a）相比整个电子能谱趋势大体相同。从图 10.5（c）中可以发现，自旋向上电子与自旋向下电子的热电势与图 10.4（c）热电势趋势相近。但在 $\varepsilon_d = -1$ 和 $\varepsilon_d = 2$ 能级附近，自旋向下电子的热电势变小，其最大值小于自旋向上电子的热电势最大值。在 10.5（d）图中，能够发现自旋向下电子的热电优值最大值与图 10.4（d）热电优值相比较明显变小，而自旋向上电子的热电优值最大值变化不明显。可以得出结论，自旋向下电子热电优值受左、右电极极化强度变化比较明显。

在相对低温 $k_B T/\Gamma_0 = 0.03$ 和左、右电极极化强度 $p_{L(R)} = 0.1$ 时，其他参数取值如下：$t_{12} = t_{13} = t_{23} = 1.0$；$\omega = 1.0$；$W_{L,R} = 1.0$。从图 10.6（a）中自旋向上电子的电导能谱能够发现，在能级 $\varepsilon_d = 2$ 位置处有一个电导峰，而在能级 $\varepsilon_d = -1$ 位置处的类 Fano 电导峰变得越来越不明显。在自旋向下电子的电导能谱中，可以发现其电导能谱与自旋向上电子的电导能谱相差不大，但峰值大小均小于自旋向上电子的电导数值，但与图 10.4（a）相比较，数值明显变大。从图 10.6（b）中自旋向上电子与自旋向下电子的热导能够发现，与图 10.4（a）相比电子能谱趋势大体相同。从图 10.6（c）中可以发现，自旋向上电子与自旋向下电子的热电势与图 10.4（c）热电势趋势相近。但在 $\varepsilon_d = -1$ 和 $\varepsilon_d = 2$ 能级附近，自旋向下电子的热电势变小，其最大值略小于自旋向上电子的热电势最大值。在 10.6（d）图中，能够发现自旋向下电子的热电优值最大值与图 10.4(d)热电优值相比较明显变小,而自旋向上电子的热电优值最大值变化不明显。自旋向下电子热电优值受左右电极极化强度变化比较明显,且随着左右电极极化强度增强而变大。

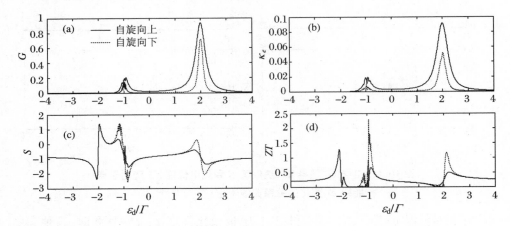

图 10.5 左右电极极化强度 $p_{L(R)} = 0.5$ 时电导 G、热导 κ_e、热电势 S 和
热电优值 ZT 随量子点能级 ε_d 变化的关系曲线

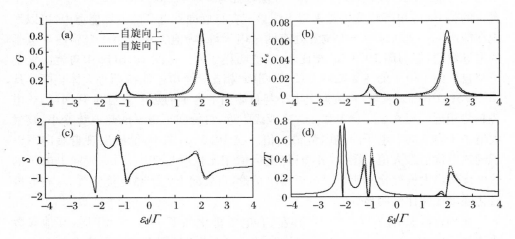

图 10.6 左右电极极化强度 $p_{L(R)} = 0.1$ 时电导 G、热导 κ_e、热电势 S 和
热电优值 ZT 随量子点能级 ε_d 变化的关系曲线

在相对高温 $k_B T/\Gamma_0 = 0.15$,左右电极极化强度 $p_{L(R)} = 0.9$ 时,其他参数取值如下:$t_{12} = t_{13} = t_{23} = 1.0$;$\omega = 1.0$;$W_{L,R} = 1.0$。从图 10.7(a)中自旋向上电子的电导能谱能够发现,在能级 $\varepsilon_d = 2$ 和 $\varepsilon_d = -1$ 位置有两个具有一定宽度的电导峰。在自旋向下电子的电导能谱中,在能级 $\varepsilon_d = -1$ 和 $\varepsilon_d = 2$ 位置处展示了两个小的电导峰,峰值大小均明显小于自旋向上电子的电导数值。从图 10.7(b)中自旋向上电子与自旋向下电子的热导能谱能够发现,与图(a)相比自旋向上电子的热导能

谱与其电导能谱趋势大体相同。然而自旋向下电子的热导变得足够小,这有利于获得大的热电优值。从图 10.7(c) 中可以发现,自旋向上电子与自旋向下电子的热电势展示出了明显的不同。与自旋向上电子相比,自旋向下电子的 S 值更大。图 10.7(d) 给出了自旋相关热电优值随量子点能级的变化关系曲线,能够发现自旋向下电子的热电优值明显大于自旋向上电子的热电优值。自旋向下电子的热电优值在 $\varepsilon_d = -2$ 附近能级位置处明显增强,最大值接近 120。能够得出结论,在相对高温下,小的热导率和大的热电势都可以获得大的热电优值。

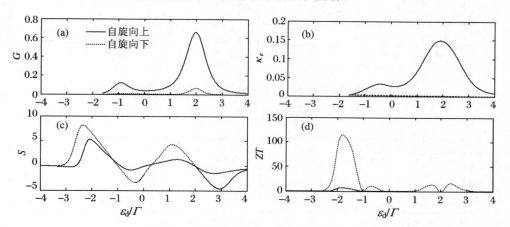

图 10.7 左右电极极化强度 $p_{L(R)} = 0.9$ 时电导 G、热导 κ_e、热电势 S 和热电优值 ZT 随量子点能级 ε_d 变化的关系曲线

在相对高温 $k_B T/\Gamma_0 = 0.15$,左、右电极极化强度 $p_{L(R)} = 0.5$ 时,其他参数取值如下:$t_{12} = t_{13} = t_{23} = 1.0$;$\omega = 1.0$;$W_{L,R} = 1.0$。从图 10.8(a) 中自旋向上电子的电导能谱能够发现,自旋向上电子的电导能谱与 $p_{L(R)} = 0.9$ 情况的电导能谱相近,数值变化不大。而自旋向下电子的电导数值明显变大。同样地,从图 10.8(b) 中自旋向上电子与自旋向下电子的热导能够发现,自旋向上电子热导与图 10.7(b) 热导趋势相近,数值变化不大。与 $p_{L(R)} = 0.9$ 情况相比,自旋向下电子的 κ_e 值增强。从图 10.8(c) 中,能够发现自旋向上与自旋向下电子的热电势变化趋势相同,数值相近。在图 10.8(d) 图中,能够发现自旋向下电子的热电优值最大值接近 25,而自旋向上电子的热电优值最大值接近 10。与 $p_{L(R)} = 0.9$ 情况下的热电优值相比,均有一定的降低。

当相对高温 $k_B T/\Gamma_0 = 0.15$,左右电极极化强度 $p_{L(R)} = 0.1$ 时,其他参数取值如下:$t_{12} = t_{13} = t_{23} = 1.0$;$\omega = 1.0$;$W_{L,R} = 1.0$。从图 10.9 中,能够发现自旋向上和自旋向下电子的电导、热导、热电势曲线都差别不大。这导致自旋向上和自旋向下电子的热电优值变化趋势趋于相同,最大值也比较接近。

从以上分析可以看出,在相对高温条件下,左、右电极极化强度 $p_{L(R)}$ 取值越大越有利于系统获得较大的热电优值。

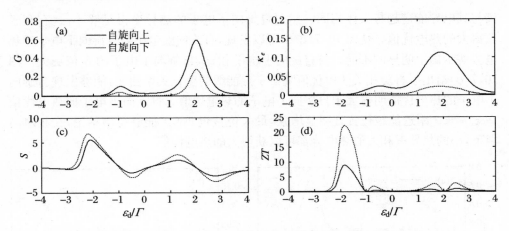

图 10.8 电导 G、热导 κ_e、热电势 S 和热电优值 ZT 随量子点
能级 ε_d 变化的关系曲线

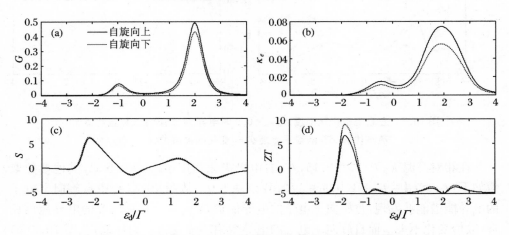

图 10.9 电导 G、热导 κ_e、热电势 S 和热电优值 ZT 随量子点
能级 ε_d 变化的关系曲线

本 章 小 结

本章研究了铁磁电极作用下耦合三量子点环自旋热电输运特性。在研究中发现共振与反共振的相互作用能够导致 Fano 效应。通过调节右侧铁磁电极自旋极化强度,系统电导自旋极化率可以在 0 与 1 之间相互转换。在自旋向上电子的电导能谱中,能够观察到一个类 Fano 电导峰。这使得系统可以获得一个较大的热电优值。在相对低温条件下,大的热电势更容易获得大的热电优值。自旋向下电子热电优值受左右电极极化强度变化比较明显,且随着左右电极极化强度增强而变

大。在相对高温条件下小的热导率和大的热电势都可以获得大的热电优值。并且左、右电极极化强度 $p_{L(R)}$ 取值越大越有利于系统获得较大的热电优值。而由于耦合三量子点环干涉仪结构在实验中容易制成,所以该系统有望用于设计高效热电转换介观量子器件。

第 11 章　光控量子开关和光子 电子泵效应

　　微波场驱动对介观传输的影响已经是越来越多的半导体纳米结构研究者的研究对象。载流子的自由程比量子点的尺寸要大很多,因此,量子点的输运会受到库仑阻塞效应的调节。当低维系统与外部光场相互作用时会产生许多全新的电子传输方式。在不同的外部光场频率条件中,量子点处在不同能级区域,在适当的共振条件下,电子可以吸收一个或者多个光子并隧穿到更高的能量状态,这种电输运性质被称为光辅助隧穿。光辅助隧穿可以十分有效地给出量子点体系的能谱以及准确操控电子态。

　　耦合量子点体系光辅助电子传输特性研究是近年来国际物理学的前沿课题之一。随着电子科学技术的发展,人们对各种电子设备的期望和要求越来越高,这促使着研究者不断探索、改进和完善各种电子器件,而其低成本、高性能、微型化就成为发展趋势。那么通过现代芯片的集成技术生产电子设备时,设计怎样的小型电子元器件就是要解决的问题。于是一种人工制造的介观电子器件半导体量子点引起大家越来越多的关注。从 20 世纪 90 年代开始,关于半导体量子点体系电输运性质的研究就变成了热点研究课题。主要存在以下几个原因:① 量子点和电极可以直接耦合成一个导电体系,量子点和电极之间的耦合强度、量子点的形状与尺寸在实验中都很容易调节,因此可以方便有目的地控制介观器件。② 在量子点中,电子之间存在很强的相关性。因此,研究量子点系统的传输性质可以加深对电子的强相关行为的理解。③ 电子输运特性经常展现出量子相位相干特点,因此,量子点的电子输运可以呈现出一些与电子粒子性的准经典输运特性不同的输运性质。所以理论研究耦合四量子点体系光辅助电子传输特性研究不仅在低维物理学上拥有极高的研究价值,而且在设计量子功能器件上也有重要的现实参考价值。

　　因为通过调节量子点能级、温度、含时外场的频率与振幅等参数可以控制系统的电输运,所以就需要对以耦合四量子点体系为理论模型的光辅助电子传输特性进行理论研究。由于量子点与分子以及原子间存在很多类似的物理现象及物理解释,所以量子点的一些物理学分析同样适用于小的金属粒子、团簇或分子。

　　近些年来,随着人们越发深入地对量子点系统中电输运进行研究,量子器件相关应用也变得更加广泛。量子理论得益于量子点系统新现象的不断发现以及在凝聚态物理中应用的更加深入。随着电子器件尺寸的逐步减小,相关研究人员正在努力寻找与之相符的新型功能材料,这便使得量子点系统在介观物理领域占据至关重要的地位,因而量子点系统物理特性的研究正在向热门研究方向的趋势发展。其研究成果有助于进一步研究介观系统的电子输运特性,从而加深人们对客观世界的了解及认识。量子点作为热门的纳米器件,长期活跃于纳米电子研究领域。由于量子点结构可以被看作是比实际原子尺寸大很多但能级又比其实际原子低得多的人造原子,且量子点系统的很多特性与原子、原子核或是凝聚态物质中自然发生的量子现象相似。因此,可以通过研究量子点系统的电子输运来得到实际原子的相关特性。电子间强关联作用和量子相干效应的研究取得了很好的成果,为此奠定了半导体量子点所构成的电器元件运用在数字、模拟电路上的基础。

在量子点体系中,电子处于维度为纳米级别的体系中,电子的干涉效应凸显出来,这使得电子的性质完全受到量子力学的支配。国内外众多学者对其输运性质、能谱结构、光学性质等进行了理论和实验的研究,取得了丰厚的成果。而大多数量子点的研究都聚焦在其输运性质上。

量子点系统具备着一些有趣的物理输运特性,如 Kondo 效应[62]、库仑阻塞效应[63]、迪克效应[64]、Aharonov-Bohm 效应[65]等,这些物理输运特性能为设计新型量子功能器件能提供重要的理论基础。

近几年,采用典型的量子点系统来研究光辅助电输运特性的物理机制,在理论和实验方面都得到了巨大的成果。Alivisatos 教授在 Nature 上发表了利用 CdSe 量子点构建发光二极管的文章,开启了量子点在光电转换领域的应用[66]。如果把微波场信号作用到量子点器件上,那么微波场信息就会影响电子传输,从而必定会产生一些崭新的光子辅助隧穿现象。赵宏康通过多端介观系统研究光子辅助共振传输[26],经过分析显示其共振峰的位置是与微波场频率相关联的。Song 在侧向耦合量子点的光子辅助共振传输中发现了 Fano 共振强烈地依赖于温度[8]。他们由此进一步发现光子-电子相互作用和量子干涉能够引起电导谱中的反共振效应。赵鑫研究了光场和电场调控下锗(锡)烯纳米带的自旋电子输运性质[67]。当光场和电场的场强大于材料本征自旋轨道耦合强度时,拓扑边缘态发生相变,从量子自旋态转变为自旋极化的量子态,即在体带隙区间可以实现自旋过滤效应。唐翰昭研究了耦合双量子点系统的光辅助隧穿现象和光子电子泵效应[28],发现 Rashba 自旋-轨道耦合可以使得量子点系统出现自旋极化输运。有交流偏压时,因为 Rashba 自旋-轨道耦合与磁通诱导的相因子相位相互作用,可以获得纯自旋流。

本章通过 Keldysh 非平衡格林函数技术,展开对耦合四量子点体系的光子辅助电传输特性的理论研究。首先得到电子通过耦合四量子点体系的光辅助电流表达式。其次通过对平均电流的数值计算来研究含时外场的振幅、含时外场的频率、量子点能级和温度等参数对平均电流的影响,分析出体系平均电流随体系参数变化的规律,由此进一步讨论体系电输运中的光控量子开关和光子电子泵效应。

量子点系统是非常实用的介观量子器件。有关量子点系统光辅助输运的理论研究将给介观量子器件的设计和应用给予必备的理论支撑,对量子计算也有一定的重要意义。

11.1　含时外场作用下的耦合四量子点系统理论模型

在平行耦合双量子点结构的基础上,侧向分别耦合一个量子点,将其设计成一个耦合四量子点系统在含时外场作用下的电输运模型(图11.1)。该模型设计比较简单,所使用的含时外场也能便于调控,有望通过调节含时外场的振幅和频率以及调节量子点之间耦合强度,就可以达到控制耦合四量子点系统平均电流的效果。

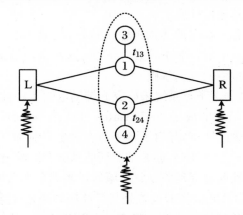

图11.1　含时外场作用下的耦合四量子点系统模型图

系统哈密顿量可以写为

$$H_{\text{total}} = H_{\text{lead}} + H_{\text{dots}} + H_{\text{T}} \tag{11.1}$$

式中,H_{lead}代表在无相互作用准粒子近似情况下两电极的贡献:

$$H_{\text{lead}} = \sum_{k,\beta} \epsilon_{k\beta}(t) C_{k\beta}^{+} C_{k\beta} \tag{11.2}$$

式中,$\beta \in (\text{L}, \text{R})$表示左、右电极,$\epsilon_{k\beta}(t)$是电极在含时外场相互作用下的单电子能级,$C_{k\beta}^{+}(C_{k\beta})$是电极$\beta$中电子产生(湮灭)算符,其中$k$是波矢量。

(11.1)式中,右边的第二项代表量子点系统:

$$H_{\text{dots}} = \sum_{j} \epsilon_{j}(t) d_{j}^{+} d_{j} - (t_{13} d_{1}^{+} d_{3} + t_{24} d_{2}^{+} d_{4} + \text{H.c.}) \tag{11.3}$$

式中,右侧$d_{j}^{+}(d_{j})$表示在能级为$\epsilon_{j}(t) = \epsilon_{j}^{0} - eW_{\text{D}}\cos(\omega t)$的量子点中电子的产生(湮灭)算符,$\epsilon_{j}^{0}$为第$j$个量子点的单电子能级;$t_{13}$和$t_{24}$表示量子点间的隧穿耦合强度。

在(11.1)式中,右边第三项 H_T 代表的是量子点与电极之间的隧穿:

$$H_T = \sum_{\beta = L, R} (t_{1\beta} C_{k\beta}^+ d_1 + t_{2\beta} C_{k\beta}^+ d_2 + H.c.) \tag{11.4}$$

式中,$t_{1\beta}(t_{2\beta})$ 是电极 β 与量子点 1(2)间的耦合强度。如果不考虑外磁通诱导的相因子,那么 $t_{1\beta}$ 和 $t_{2\beta}$ 是不含相位因子的常数,并且和波矢量 k 无关。

"推迟"自能函数和线宽函数之间的关系在宽带极限下表示如下:

$$\Sigma_\beta^r(t, t') = -\frac{i}{2} \delta(t - t') \Gamma^\beta \tag{11.5}$$

其中,$\Gamma_{ll'}^\beta(\varepsilon, t, t') = 2\pi \rho_\beta t_{1\beta} t_{l'\beta}^* e^{i\int_{t'}^t W_\beta(\tau) d\tau}$,$\rho_\beta$ 是电极 β 内的电子态密度,矩阵可以写成

$$\boldsymbol{\Gamma}^{L(R)} = \begin{bmatrix} \Gamma_{11}^{L(R)} & \sqrt{\Gamma_{11}^{L(R)} \Gamma_{22}^{L(R)}} & 0 & 0 \\ \sqrt{\Gamma_{11}^{L(R)} \Gamma_{22}^{L(R)}} & \Gamma_{22}^{L(R)} & 0 & 0 \\ 0 & 0 & 0 & 0 \\ 0 & 0 & 0 & 0 \end{bmatrix} \tag{11.6}$$

能够得到与时间相关的电流表达式

$$I_\beta(t) = -\frac{2e}{\hbar} Im \int_{-\infty}^t dt' \int \frac{d\varepsilon}{2\pi} Tr\{e^{-i\varepsilon(t'-t)} \Gamma^\beta(\varepsilon, t, t') [G^<(t, t') + f_\beta(\varepsilon) G^r(t, t')]\} \tag{11.7}$$

式中,$f_\beta(\varepsilon) = \{1 + \exp[(\varepsilon - \mu_\beta)/k_B T]\}^{-1}$ 表示费米分布函数,左、右电极的化学势 $\mu_L = \mu_R = V_{LR}/2$,V_{LR} 表示加在左、右两个电极之间的直流偏压。通过戴森方程可以导出"推迟"格林函数

$$G^r(t, t') = \int \frac{d\varepsilon}{2\pi} \exp[-i\varepsilon(t - t') - i\int_{t'}^t d\tau W_D \cos(\omega\tau)] G^r(\varepsilon) \tag{11.8}$$

$$G^r(\varepsilon) = \{[g^r(\varepsilon)]^{-1} - \Sigma^r \varepsilon\}^{-1} \tag{11.9}$$

其中,$g^r(\varepsilon)$ 由傅里叶变换 $g_{jj}^r(t, t') = -i\theta(t - t') \exp[-i\int_{t'}^t \varepsilon_j(t_1) dt_1]$ 得来。"小于"格林函数 $G^< = G^r \Sigma^< G^a$,其中,$G^a = (G^r)^+$。

将(11.8)式和(11.9)式代入到(11.7)式中,可以导出与时间相关的瞬态电流

$$I_\beta(t) = -\frac{e}{\hbar} \int \frac{d\varepsilon}{2\pi} Tr Im\{2f_\beta(\varepsilon) \boldsymbol{\Gamma}^\beta \boldsymbol{B}_\beta(\varepsilon, t) + i\boldsymbol{\Gamma}^\beta \sum_{\alpha = L, R} f_\alpha(\varepsilon) \boldsymbol{B}_\alpha(\varepsilon, t) \boldsymbol{\Gamma}^\alpha \boldsymbol{B}_\alpha^+(\varepsilon, t)\} \tag{11.10}$$

其中

$$\boldsymbol{B}_\beta(\varepsilon, t) = \exp\left[\frac{ie(W_\beta - W_D)\sin(\omega t)}{\omega}\right] \sum_n J_n\left(\frac{W_D - W_\beta}{\omega}\right) e^{in\omega t} \boldsymbol{G}^r(\varepsilon_n) \tag{11.11}$$

式中,J_n 表示第一类贝塞尔函数,同时量子点能级和含时外场频率存在关联 $\varepsilon_n = \varepsilon - n\omega$。时间平均电流 $\langle I \rangle$ 可表示为

$$\langle I \rangle = \frac{2e}{\hbar} \int \frac{\mathrm{d}\varepsilon}{2\pi} \sum_n \mathrm{Tr} \left\{ \left[J_n^2 \left(\frac{W_D - W_L}{\omega} \right) f_L(\varepsilon) \right. \right.$$
$$\left. \left. - J_n^2 \left(\frac{W_D - W_R}{\omega} \right) f_R(\varepsilon) \right] \boldsymbol{\Gamma}^L \boldsymbol{G}^r(\varepsilon_n) \boldsymbol{\Gamma}^R \boldsymbol{G}^\alpha(\varepsilon_n) \right\} \tag{11.12}$$

其中,利用运动方程和戴森方程可以得到"推迟"格林函数

$$\boldsymbol{G}^r(\varepsilon_n) = \begin{bmatrix} \varepsilon_n - \varepsilon_1 + \frac{i}{2}(\Gamma_{11}^L + \Gamma_{11}^R) & \frac{i}{2}(\Gamma_{11}^L + \Gamma_{11}^R) & t_{13} & 0 \\ \frac{i}{2}(\Gamma_{11}^L + \Gamma_{11}^R) & \varepsilon_n - \varepsilon_2 + \frac{i}{2}(\Gamma_{22}^L + \Gamma_{22}^R) & 0 & t_{24} \\ t_{13} & 0 & \varepsilon_n - \varepsilon_3 & 0 \\ 0 & t_{24} & 0 & \varepsilon_n - \varepsilon_4 \end{bmatrix}^{-1}$$
$$\tag{11.13}$$

11.2　含时外场和系统温度对电输运性质的影响

利用上述公式,可数值计算电子通过系统的光辅助电输运特性。量子点的能级更容易手动调节,具有实际意义。可以通过量子点的栅极施加电压,栅极电压能够调节量子点的能级。因此,我们研究了相对于量子点能级的平均电流。在下面的分析中,设置左右电极偏置电压 $V_{LR} = 0.05\Gamma_0$,量子点-电极耦合强度 $\Gamma_1^\beta = \Gamma_2^\beta = 0.2\Gamma_0$,$\Gamma_0$ 为能量单位。为了更加清楚地研究系统电输运特性,设定量子点能级为 $\varepsilon_1 = \varepsilon_2 = \varepsilon_3 = \varepsilon_4 = \varepsilon_d$,$t_{13} = t_{24} = 1.0$,$\hbar = 1.0$ 和 $e = 1.0$。

图 11.2 描绘了含时外场同时辐照在左、右两个电极和中心量子点区域时,平均电流随量子点能级变化的关系曲线。这里假定辐照在左、右两个电极上的含时外场振幅是不变的,而辐照到量子点上的含时外场振幅是变化的。描述了随时间变化的外场在左、右电极和中心量子点区域同时照射时的平均电流谱与量子点能级的关系。相关物理参数取值如下:$W_L = W_R = 0.9$,$\omega = 1$ 和 $T = 0.001$。电流主峰与旁带峰展示了一些不同寻常的现象。图 11.2(a)是平均电流随着量子点能级 ε_d 和振幅 W_D 变化的等值线图。我们可以发现,主共振峰分别出现在 $\varepsilon_d = \pm 1$。与此同时,$\varepsilon_d = 0$ 和 ± 2 处出现明显的旁带共振峰。旁带共振峰表现出与主共振峰相反的振荡模式。例如,$W_D = 0.9$,当两个主共振达到最大值时,$\varepsilon_d = 0$ 处旁带共振峰值达到最小值。值得注意的是,当振幅达到最大值 $W_D \approx 2.8$ 时,$\varepsilon_d = 0$ 位置处电流达到最大值。这个结果明确地反映了电子波函数在不同量子点能级下的不同相位。通过调节含时外场,可以利用量子点固有能量处的电子波函数实现平均电流的转换。为了清楚起见,图 11.2(b)显示了几个特殊值的平均电流。其中实线描述了辐照到量子点上的含时外场振幅为 $W_D = 0.3$ 时的平均电流曲线,和无含

时外场时情况比较可以发现:两个主峰峰值降低的同时在主峰的两侧产生旁带峰,这就是旁带效应,而且共振峰之间为等间距,峰间距为 $\hbar\omega = 0.4$。当系统中的传导电子处于能级 $\varepsilon_d = \pm 1$ 处时,系统和外部微波场之间发生了共振作用,传导电子强烈吸收或辐射一个能量是 $\hbar\omega$ 的光子。值得注意的是,$\varepsilon_d = 0$ 位置处的旁带峰数值略大于 $\varepsilon_d = \pm 2$ 时的旁带峰数值。原因是位于 $\varepsilon_d = \pm 1$ 处的两个主共振峰可在位置 $\varepsilon_d = 0$ 处出现两个单光子峰,这使得位于 $\varepsilon_d = 0$ 的两个单光子旁峰叠加。随着振幅 W_D 的增强,电流主峰的强度变强而旁带峰的强度变弱。当作用在左右电极和量子点上的强度平衡时,即 $W_L = W_R = W_D = 0.9$,如图 11.2(b) 中点线所示。此时,旁带峰消失,主峰变得更加明显。当振幅 W_D 进一步增强,旁带峰再一次出现。旁带峰的高度直接正比于贝塞尔函数 $J_n^2 (W_\beta'/\omega)$ 的平方,这里,$W_\beta' = |W_\beta - W_D|$ 被称为有效外场的振幅。能够发现,对于 $W_D = 0.6$,含时外场的有效振幅是减少的,即 $W_\beta' = 0.3$。因此,光子旁带峰是减弱的。尤其特别的是,当 $W_D = 0.9$ 时,含时外场的有效振幅 $W_\beta' = 0$,光子旁带峰消失,仅仅主共振峰存在。值得注意的是,所有峰高度的和等于无含时外场的主共振峰高度的和。这些结果是与实验相一致的。需要重点指出的是,当 $W_D = 0.9$ 时,位于 $\varepsilon_d = 0$ 的电流为零。当 $W_D \neq 0.9$ 时,位于 $\varepsilon_d = 0$ 的电流为非零数值。这意味着,通过调节含时外场的振幅大小,能够实现位于 $\varepsilon_d = 0$ 的电流在零与非零之间相互转变。根据这一性质,系统可以被设计成光控量子开关器件。

图 11.3 给出了平均电流随量子点能级 ε_d 和含时外场频率 ω 的等值线图。参数取值如下:$W_D = 1.5$,$W_L = 3.0$,$W_R = 0$,$T = 0.001$。假设 $\omega_0 = \Gamma_0/h$,ω_0 作为频率的单位。随着频率 ω 的增加,平均电流中出现了多重结构。平均电流产生额外的光子辅助峰。两个中心峰对应 $\pm t$,而侧峰对应 $t \pm n\omega$。对于足够大的 ω,额外的光子辅助峰被抑制,只剩下两个中心峰。在此,我们主要讨论了 $\varepsilon_d = 0$ 处频率对平均电流的影响。平均电流达到最大值时 $\omega \approx 1.0$,而接近于零时 $\omega \geqslant 2.0$。因此,通过调节含时外场的频率,可以将系统设计成光控量子开关器件。

当不对称含时外场辐照到左、右两个电极上时,一个负电流将出现在电流能谱中,负电流是由光子电子泵效应引起的。当能级低于 μ_L 时,它能够被一个电子所占据。在非对称含时外场的作用时,由于非对称含时外场只施加在左侧电极上,因此,电子可以吸收光子并隧穿进入左侧电极而不是右侧电极。这会导致体系出现负电流。这种现象就是光子电子泵效应。为了研究作用于量子点上的含时外场振幅对光子电子泵效应的影响,这里设 $W_L = 0.4$,$W_R = 0$,$\omega = 1$ 和 $T = 0.001$。图 11.4 展示了当 W_D 取不同数值时系统的平均电流。能够清楚地发现当 $W_D = 0$ 时在电流能谱中能够观察到光子电子泵效应。负电流出现在箭头的左边,正电流出现右边。当 W_D 改变时,光辅助电流展示了更多有趣的性质。当 $W_D = 0.2$ 时,有效外场振幅为 $W_\beta' = 0.2$,这是对称的情况,因此光子电子泵效应消失。随着 W_D 的增加,作用在两个电极上含时外场的有效振幅的对称性被破坏,因此光子电子泵效应再一次出现。然而,泵电流的方向发生了改变。这是因为,此时作用于左电极含时外场的有效振幅小于作用于右电极含时外场的有效振幅。此时作用于左右电极的有效含时外场振幅分别为 $W'_L = 0$ 和 $W'_R = 0.4$。这些输运特性是由含时外场

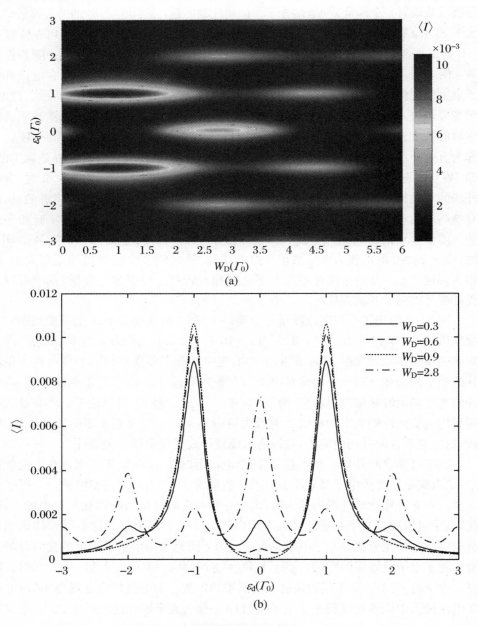

图 11.2

(a) 当含时外场同时辐照在左、右两个电极和中心量子点区域时,量子点能级 ε_d 和振幅 W_D 变化对平均电流的影响;(b) 几个不同振幅 W_D 数值下的平均电流随量子点能级变化的曲线

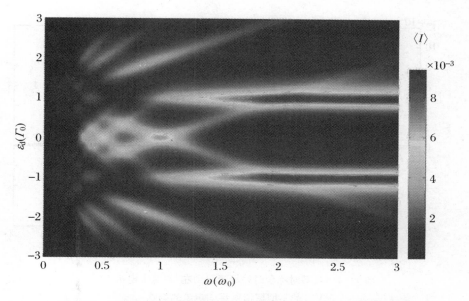

图 11.3　平均电流随量子点能级 ε_d 和含时外场频率 ω 的等值线图

引起了电子与光子相互作用而导致的结果。为了研究不同温度下作用于量子点上含时外场振幅对光子电子泵效应的影响,我们设 $W_L = 0.4$,$W_R = 0$,$\omega = 1$ 和 $T = 0.1$。图 11.5 就展示了在相对高温环境下当 W_D 取不同数值时系统的平均电流。能够清楚地发现,当 W_D 改变时,光辅助电流展示了部分一致的性质。当 $W_D = 0$ 时在电流能谱中也能够观察到光子电子泵效应。电流方向与图 11.4 展现的 $W_D = 0$ 时在电流能谱中电流方向一致。当 $W_D = 0.2$ 时,仍是对称的情况,光子电子泵效应消失。随着 W_D 的增加,光子电子泵效应再一次出现,泵电流的方向也发生了改变。在细致对比图 11.4 和 11.5 后,也能观察到两者的电流能谱有一些不同。相对于低温环境下,可以发现高温环境下平均电流有所增大,更多的态参与电子传递。同时随 W_D 的增大达到 $W_D = 0.4$ 时,更多的电流峰出现了。

图 11.6 得出了当 ω 取不同数值时系统的平均电流。通过这个结果可以继续分析出体系平均电流随体系不同参数变化的规律,进一步讨论体系电输运中的光子电子泵效应,进而研究作用于量子点上的含时外场频率对光子电子泵效应的影响,这里设 $W_L = 0.4$,$W_R = 0$,$W_D = 0$ 和 $T = 0.001$。在电流能谱中,可以发现即使取不同的 ω 也能够清楚地观察到光子电子泵效应。同时随着 ω 的增强,电流能谱中的电流峰和电流谷的数量也在增多。而图 11.7 是在相对高温下得出的 ω 不同数值时系统的平均电流。设其他参数不变,改变温度 $T = 0.1$。这样的条件下也可以观察到清晰的光子电子泵效应。但是相对于低温环境下,可发现高温环境下平均电流有所减小,并且在电流能谱中随着 ω 的增强可以观察到电流峰和电流谷的数量增加得更多。

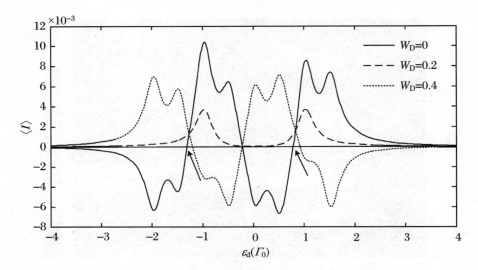

图 11.4 当不对称含时外场辐照到左、右两个电极上时，
W_D 的不同取值对平均电流的影响

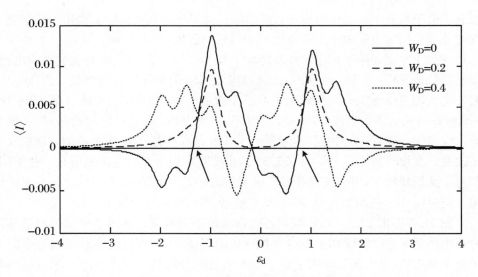

图 11.5 在相对高温条件下不对称含时外场辐照到左、右两个电极上时，
振幅 W_D 对平均电流的影响

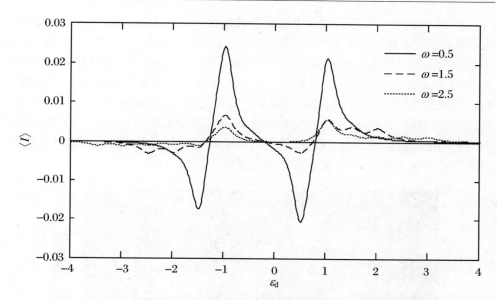

图 11.6　在相对低温条件下当不对称含时外场辐照到左、右两个电极上时，
频率 ω 对平均电流的影响

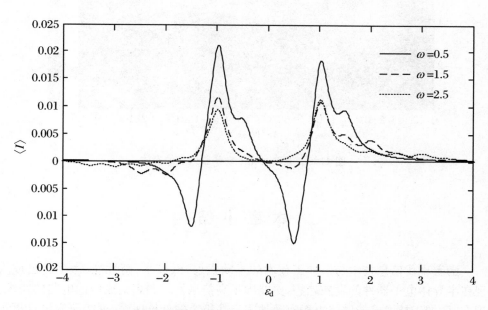

图 11.7　在相对高温度条件下当不对称含时外场辐照到左、右两个电极上时，
频率 ω 对平均电流的影响

　　通常,在器件实际应用过程中温度会对其有一定的影响。图 11.8 揭露了光子电子泵的温度依赖性。系统物理参数取值如下:$W_L = 0.4$,$W_R = 0$,$W_D = 0$ 和 $\omega = 1$。正、负电流的最大值都出现在温度较低的区域。正电流的最大值出现在 $\varepsilon_d = -1$ 附近,一个负电流出现在 $\varepsilon_d = 0.5$ 附近。对于在 $\varepsilon_d = -1$ 位置的电流,在较低温度区域,随着温度的升高,电流先增大后减小。在温度相对较高的区域,电流随温度的升高而单调减小。此外,可以观察到整个高温区域的电流变化不大。在不同能级下的平均电流值相差不大,这意味着电流峰变得更平滑。这是因为在相对高温下,由于费米分布函数的展宽,更多的态参与了电子传输。

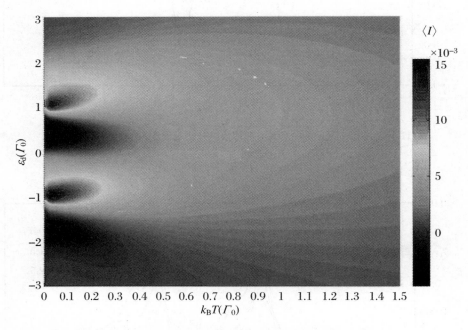

图 11.8　温度对光子电子泵效应的影响

本 章 小 结

　　随着现代信息技术与微加工技术的不断发展,低成本、高性能、微型化已成为现在半导体电子器件的发展趋势,更能满足高信息处理和高集成度的电路的需求。现在,微加工技术已能够将电子有效地限定在极窄的低维区域,这为研究设计更小尺寸的电子器件提供了研究方向。伴随人们研究的加深,耦合量子点系统的电输运性质成为了研究热点。在耦合量子点系统中人们发现的新特性与新效应将为研发新的纳米电子器件提供设计方向与理论基础。

　　本章从理论上研究了耦合四量子点体系的光子辅助电输运特性。当量子点体系引入含时外场时，系统平均电流曲线在主共振峰两侧出现旁带峰。随着含时外场振幅的增加，两个主峰降低而旁带峰升高。调节含时外场频率可以实现电流峰数值在零与非零之间变换，因此，此系统可被设计成光控量子开关功能器件。调节温度、含时外场的频率与振幅，能够对系统平均电流峰值的大小和位置进行有效的控制。此外，在非对称含时外场作用下，该体系能够实现光子电子泵功能。

第 12 章　太赫兹光场辐照砷化铟量子点系统的自旋极化输运

　　如今,半导体耦合多量子点量子比特器件研究取得了重要进展。大量研究发现,半导体砷化铟材料具有较高的电子迁移率、较小的电子有效质量、较大的朗德因子和较强的自旋-轨道耦合。这些特性有助于砷化铟量子点体系自旋输运性质的研究。在量子点系统中应用一个含时外场,如微波或太赫兹(THz)场,这使得电子能够通过吸收或发射光子达到以前无法达到的能量状态,从而产生光子辅助隧穿现象。越来越多的工作对电子与时间依赖的非平衡电输运进行了深入的研究,如光辅助隧穿对量子点系统中 Fano 共振的影响的研究[68]。Fano 反对称线形出现在旁带峰的位置,且由吸收光子和发射光子诱导的旁带峰中的变化是不同步的。在太赫兹辐照 A-B 环量子点系统研究中,人们发现在 Fano 效应和光电子泵效应的共同作用下,电流在非对称太赫兹辐照下呈对称线形[69]。此外,随着太赫兹辐照强度或频率的增加,旁带峰位置的输出功率数值有一定的提升。人们研究了微波场辐照 A-B 量子点环系统的散粒噪声[70]。研究发现 Kondo 共振与非共振直接隧穿之间的竞争导致了光辅助 Fano-Kondo 共振输运,且直接隧穿通道强度的增加会抑制 Kondo 峰值。在太赫兹光辐照下双能级 InAs 量子点的自旋电子输运性质研究中,发现在非对称太赫兹辐照下系统表现出类 Fano 共振现象[24]。我们相信在太赫兹辐照量子点环系统的非平衡态电输运性质研究中能够发现更多新奇的且有意义的输运特性。

12.1　砷化铟量子点环系统理论模型

　　为了理解太赫兹光场辐照下的基本量子输运特性,量子点间和量子点内部电子间库仑相互作用被忽略。直流偏压 V_{DC} 和一个太赫兹光场被加到系统左右两个电极上,如图 12.1 所示。太赫兹光场 $W_L(t) = W_L \cdot \cos(\omega t)$ 和 $W_R(t) = W_R \cdot \cos(\omega t)$。标记的下角标 L 和 R 分别代表左右电极;$W_{L(R)}$ 和 ω 分别为太赫兹光场的振幅和频率。

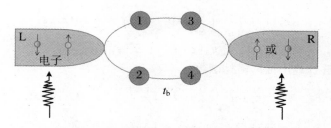

图 12.1 由四个砷化铟量子点构成的系统模型图

注:其中太赫兹光场作用于左、右两个电极

系统的整个哈密顿量可以被描述为

$$H = \sum_{\beta = L,R} \sum_{k,\sigma} \varepsilon_{k_\beta}(t) C^+_{k_\beta\sigma} C_{k_\beta\sigma}$$

$$+ \sum_{\sigma,j=1}^{4} \varepsilon_{j\sigma} d^+_{j\sigma} d_{j\sigma} + \sum_\sigma (t_a d^+_{1\sigma} d_{3\sigma} + t_b d^+_{2\sigma} d_{4\sigma} + \mathrm{H.c.})$$

$$+ \sum_{k\sigma} (t_{1\sigma L} C^+_{kL\sigma} d_{1\sigma} + t_{2\sigma L} C^+_{kL\sigma} d_{2\sigma} + t_{3\sigma R} C^+_{kR\sigma} d_{3\sigma} + t_{4\sigma R} C^+_{kR\sigma} d_{4\sigma} + \mathrm{H.c.})$$

$$\tag{12.1}$$

这里电子能级 $\varepsilon_{k_\beta}(t) = \varepsilon^0_{k_\beta} + eV + eW_\beta(t) = \varepsilon^0_{k_\beta} + eV + eW_\beta \cos(\omega t)$。$C^+_{k_\beta\sigma}$ ($C_{k_\beta\sigma}$) 代表电极 β 里的电子产生(湮灭)算符,其中,σ 为自旋指数,k 为波矢。$d^+_{j\sigma}$ ($d_{j\sigma}$) 为量子点的电子产生(湮灭)算符,对应的能级 $\varepsilon_{j\sigma} = \varepsilon^0_j + \sigma B$,其中,$\varepsilon^0_j$ 是量子点 j 的单粒子能级。塞曼磁场强度为 $B = g\mu_B H$,这里,g 和 μ_B 分别是指朗道 g 因子和玻耳磁子。t_a (t_b) 是量子点 1(2) 和量子点 3(4) 之间的耦合强度。$t_{i\sigma L(R)}$ 描述与 k 无关的电极 L(R) 与量子点 i 之间的耦合强度。

通过系统的瞬时电流 $I(t)$ 可由下式给出:

$$I_{\beta\sigma}(t) = -\frac{2e}{\hbar} \mathrm{Im} \int_{-\infty}^{t} dt' \int \frac{d\varepsilon}{2\pi} \mathrm{Tr}\{e^{-i\varepsilon(t'-t)} \Gamma^\beta_\sigma(\varepsilon,t,t') [G^<_\sigma(t,t') + f_\beta(\varepsilon) G^r_\sigma(t,t')]\}$$

$$\tag{12.2}$$

这里,$f_\beta(\varepsilon) = \{1 + \exp[(\varepsilon - \mu_\beta)/k_B T]\}^{-1}$ 是费米分布函数,化学式为 $\mu_L = -\mu_R = V_{DC}/2$。关联格林函数 $G^< = G^r \Sigma^< G^\alpha$,其中,$\sum_\beta^< = \sum_k t^*_{\beta\sigma} g^<_{\beta k\sigma} t_{\beta\sigma}$ 和 $G^\alpha = (G^r)^+$。

在宽带极限,推迟自能与线宽函数之间的关系为

$$\sum_\beta^r (t,t') = -\frac{i}{2} \delta(t-t') \Gamma^\beta_\sigma$$

$$\tag{12.3}$$

这里,$\Gamma^\beta_{ll'\sigma}(\varepsilon,t,t') = 2\pi \rho_{\beta\sigma} t_{l\sigma\beta} t^*_{l'\sigma\beta} e^{i\int_{t'}^{t} W_\beta(\tau)d\tau}$,并且 $\rho_{\beta\sigma}$ 代表在电极 β 里的自旋态密度。

利用戴逊方程,推迟格林函数 G^r 能够通过与电极无耦合的量子点自由格林函数 $g^r_\sigma(\varepsilon)$ 得到

$$G_\sigma^r(t, t') = \int \frac{\mathrm{d}\varepsilon}{2\pi} \exp[-\mathrm{i}\varepsilon(t - t')] G_\sigma^r(\varepsilon) \tag{12.4}$$

$$G_\sigma^r(\varepsilon) = \{[g_\sigma^r(\varepsilon)]^{-1} - \Sigma_\sigma^r(\varepsilon)\}^{-1} \tag{12.5}$$

因此,我们能够计算出推迟格林函数

$$[G_\sigma^r(\varepsilon)]^{-1} = \begin{pmatrix} \varepsilon - \varepsilon_{1\sigma} + \dfrac{\mathrm{i}}{2}\Gamma_{11}^L & \dfrac{\mathrm{i}}{2}\sqrt{\Gamma_{11}^L \Gamma_{22}^L} & t_a & 0 \\[2ex] \dfrac{\mathrm{i}}{2}\sqrt{\Gamma_{11}^L \Gamma_{22}^L} & \varepsilon - \varepsilon_{2\sigma} + \dfrac{\mathrm{i}}{2}\Gamma_{22}^L & 0 & t_b \\[2ex] t_a & 0 & \varepsilon - \varepsilon_{3\sigma} + \dfrac{\mathrm{i}}{2}\Gamma_{33}^R & \dfrac{\mathrm{i}}{2}\sqrt{\Gamma_{33}^R \Gamma_{44}^R} \\[2ex] 0 & t_b & \dfrac{\mathrm{i}}{2}\sqrt{\Gamma_{33}^R \Gamma_{44}^R} & \varepsilon - \varepsilon_{4\sigma} + \dfrac{\mathrm{i}}{2}\Gamma_{44}^R \end{pmatrix}$$

$$\tag{12.6}$$

将方程(12.4)代入方程(12.2)中,瞬时电流为

$$I_{\beta\sigma}(t) = -\frac{e}{\hbar} \int \frac{\mathrm{d}\varepsilon}{2\pi} \mathrm{Tr} \mathrm{Im} \left\{ 2f_\beta(\varepsilon) \boldsymbol{\Gamma}_\sigma^\beta \boldsymbol{A}_{\beta\sigma}(\varepsilon, t) + \mathrm{i}\boldsymbol{\Gamma}_\sigma^\beta \sum_{\alpha=\mathrm{L,R}} f_\alpha(\varepsilon) \boldsymbol{A}_{\alpha\sigma}(\varepsilon, t) \boldsymbol{\Gamma}_\sigma^\alpha \boldsymbol{A}_{\alpha\sigma}^+(\varepsilon, t) \right\} \tag{12.7}$$

这里

$$\boldsymbol{A}_{\beta\sigma}(\varepsilon, t) = \exp\left[\frac{\mathrm{i}e(W_\beta)\sin(\omega t)}{\omega}\right] \sum_\chi \mathrm{J}_\chi\left(\frac{W_\beta}{\omega}\right) e^{\mathrm{i}n\omega t} \boldsymbol{G}_\sigma^r(\varepsilon_\chi) \tag{12.8}$$

在方程(12.8)里,J_χ 为第一类贝塞尔函数,其中,$\varepsilon_\chi = \varepsilon - \chi\omega$。瞬时电流 $I_{\beta\sigma}(t)$ 能够通过方程(12.7)数值求解。因此,平均电流 $\langle I \rangle$ 为

$$\langle I \rangle = \frac{2e}{\hbar} \int \frac{\mathrm{d}\varepsilon}{2\pi} \sum_\chi \mathrm{Tr} \left\{ \left[\mathrm{J}_\chi^2\left(\frac{W_L}{\omega}\right) f_L(\varepsilon) - \mathrm{J}_\chi^2\left(\frac{W_R}{\omega}\right) f_R(\varepsilon) \right] \boldsymbol{\Gamma}_\sigma^L \boldsymbol{G}_\sigma^r(\varepsilon_\chi) \boldsymbol{\Gamma}_\sigma^R \boldsymbol{G}_\sigma^a(\varepsilon_\chi) \right\} \tag{12.9}$$

12.2 太赫兹光场对砷化铟量子点系统电输运性质的影响

基于上面推导出的电流公式,研究通过 4 个砷化铟量子点系统的光辅助自旋极化输运性质。在数值计算中,直流偏压设定为 $V_{DC} = 0.05$,温度 $k_B T = 0.001$,点-电极耦合强度 $\Gamma_{11(22,33,44)}^\beta = 0.25\Gamma_0$,这里选 Γ_0 为能量单位。量子点间耦合强度相同 $t_a = t_b = t$,量子点能级相同 $\varepsilon_{1(2,3,4)}^0 = \varepsilon_d$,$\hbar = 1.0$ 和 $e = 1.0$。量子点能级能够非常容易地通过门压来进行调节。因此,我们研究自旋电流和自旋极化率随量子点能级的变化关系。

图 12.2 展示了有无太赫兹光场辐照在两个电极时砷化铟量子点自旋极化输

运性质。相关的物理参数为 $t=1.0, \omega=1.0, W_{L(R)}=0.7$（实线），$W_{L(R)}=0$（点线），(a) $B=1.0$ 和 (b) $B=-1.0$。图 12.2(a) 和 (b) 中实线给出了没有含时外场辐照时体系的平均电流。自旋向上和自旋向下电子的平均电流能谱均展示了两个电流共振峰，在这两个峰中间形成一个谷，出现在 $\varepsilon_d=B$ 的位置处。当对称含时外场辐照两个电极时，在电流能谱中能够观察到典型的光子辅助隧穿现象。自旋向上电子的电流能谱展示了光子辅助旁带峰，分别出现在 $\varepsilon_d=t-B\pm n\hbar\omega$ 和 $\varepsilon_d=t+B\pm n\hbar\omega (n=1,2,3,\cdots)$ 的位置处，如图 12.2(a) 中虚线所示。一个有趣的现象是，两个主峰之间的谷转变成为一个旁带峰，并且这个旁带峰的强度大于位于 $\varepsilon_d=-1,3$ 位置处旁带峰的强度。这是因为，处于 $\varepsilon_d=0$ 的主峰能级位置处的电子吸收一个光子，导致在 $\varepsilon_d=1$ 处产生一个旁带峰，同时处于 $\varepsilon_d=2$ 的主峰能级位置处的电子放出一个光子导致在此处也产生一个旁带峰，这两个旁带峰的叠加使得其强度大于位于 $\varepsilon_d=-1,3$ 位置的光子旁带峰的强度。自旋向下电子的电流能谱描绘出了与自旋向上电子的电流能谱相似的性质。

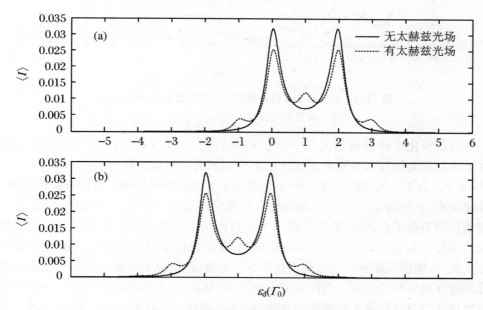

图 12.2　有无太赫兹光场辐照情况下，平均自旋电流随量子点能级的变化关系曲线

图 12.3 展示了当太赫兹光场频率取几个不同数值时，平均电流随太赫兹光场振幅变化的关系曲线。相关的物理参数为 $t=1.0, B=0, \varepsilon_d=0$。能够发现，不管太赫兹光场频率取何值，平均电流都展示了余弦振荡式的衰减。这源于公式 (12.9) 中出现的贝塞尔函数，它是由当太赫兹光场辐照体系时，太赫兹光场与两个电极之间的相互作用而产生的。太赫兹光场频率对平均电流产生了一定的影响。随着频率的增大，平均电流谐振的周期变大。频率越小，平均电流的衰减幅度越

大。但频率越大,平均电流会更快出现零电流。此外,能够发现太赫兹光场频率分别等于 1.5 和 2 时,零电流分别出现在大约 $W_{L(R)} = 3.6, 4.8$ 的位置处。这表明当太赫兹光场频率确定时,能够通过调节太赫兹光场振幅来获得零电流。因此,通过调节太赫兹光场振幅,此系统可以被设计成一个光控量子开关器件。

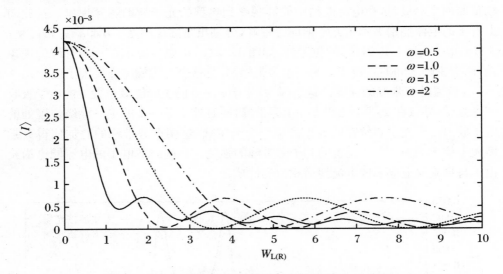

**图 12.3　当太赫兹光场频率取几个不同数值时,平均电流
随太赫兹光场振幅的变化关系**

自旋极化率能够被定义为 $p = (\langle I_\uparrow \rangle - \langle I_\downarrow \rangle)/(\langle I_\uparrow \rangle + \langle I_\downarrow \rangle)$。图 12.4 描述了太赫兹光场振幅对自旋极化率的影响。相关的物理参数为 $t = 1.0, \omega = 1.0$, $B = 2.0$。为了比较,图 12.4(a) 中实线描述了无太赫兹光场辐照时的自旋极化率。能够发现,在能级 $\varepsilon_d = 2(-2)$ 附近的自旋极化率 p 为 100%(-100%)。这意味着通过调节量子点能级,能够获得一个纯自旋向下或者自旋向上的电流。随着振幅的增加($W_{L(R)} < 3.0$),-100% 和 100% 自旋极化率对应的量子点能级范围扩宽。此外,能够观察到一些自旋极化率平台出现,这是源于太赫兹辐照所导致的光辅助隧穿电导峰的出现。当振幅进一步增大($W_{L(R)} = 4, 5, 6$)时,-100% 和 100% 自旋极化率对应的量子点能级范围继续扩大,如图 12.4(b) 所示。这说明随着太赫兹光场振幅的增强,旁带峰的宽度扩宽。因此,光辅助隧穿过程呈现出更加明显的干涉效应,从而导致在一个较大的量子点能级范围内出现 100% 自旋极化。一个不同寻常的现象是,随着振幅的增强,自旋极化率平台渐渐消失,与此同时在量子点能级为 $\varepsilon_d \in (-6, 6)$ 的区间内自旋极化率展示出谐振性质。这些性质表明,自旋极化率强烈地依赖于太赫兹光场振幅的变化,基于此该系统能够被设计成一个太赫兹探测器。

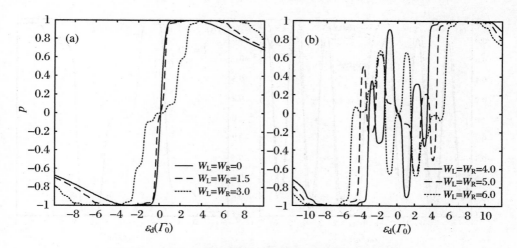

图 12.4　当太赫兹光场振幅取不同数值时，自旋极化率
随量子点能级变化的关系曲线

图 12.5 展示了当塞曼磁场强度取不同数值时的自旋极化率随量子点能级变化的关系曲线。相关的物理参数为 $t=1.0$，$\omega=2.0$，$W_{\mathrm{L(R)}}=4.8$。在弱磁场作用下（$B\leqslant1.0$）的自旋极化率，如图 12.5(a)所示，能够发现弱磁场（$B=0.2$）时自旋极化率展示了频繁的谐振。我们认为谐振的出现主要源于自旋电子传输的干涉。根据谐振现象的出现，可以将此系统设计成用于探测低磁场强度的磁场探测器。当塞曼磁场强度增加时，谐振变弱，而自旋极化率明显增强。当塞曼磁场强度等于 1 时，谐振突然消失。此时，在能级 $\varepsilon_{\mathrm{d}}=\pm1.0$ 附近，能够获得 $\pm100\%$ 自旋极化率。这说明该四量子点系统可以被用来设计成自旋过滤器。图 12.5(b)展示了塞曼磁场强度 $B=2.0$ 时的自旋极化率。仍然可以观察到 100% 自旋极化现象，$\pm100\%$ 自旋极化率出现在能级 $\varepsilon_{\mathrm{d}}=\pm2.0$ 附近。一个有趣的现象是，在能级 $\varepsilon_{\mathrm{d}}=0$ 附近出现了一个无自旋极化（$p=0$）平台。因此，人们可以通过调节量子点能级来实现自旋极化率在 $p=0$ 和 $p=1$(100%)之间相互转换。根据此性质，该系统可以被设计成量子自旋极化脉冲器件。

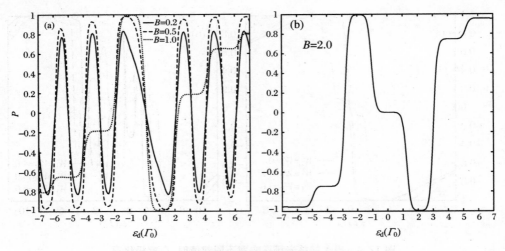

图 12.5　当塞曼磁场强度取不同数值时，自旋极化率
随量子点能级变化的关系曲线

本 章 小 结

　　本章介绍了太赫兹光场辐照四个砷化铟量子点系统的自旋输运性质。当对称含时外场辐照两个电极时，在电流能谱中能够观察到典型的光子辅助隧穿现象。自旋向上和向下电子的电流能谱展示了光子辅助旁带峰。控制有无太赫兹光场，能够实现电流谷与峰之间的转换。自旋极化率展示出谐振性质，因此，此系统能够被设计成一个太赫兹探测器。当太赫兹振幅增大时，能够在一个更大的能级范围内实现 100% 自旋极化率，这使得四量子点系统可以被应用于自旋过滤器。

参 考 文 献

［1］ Reed M A,Randall J N,Aggarwal R J,et al.Observation of Discrete Electronic States in a Zero-Dimensional Semiconductor Nanostructure［J］. Phys. Rev. Lett. , 1988, 60: 535-537.

［2］ Recher P,Sukhorukov E V,Loss D. Quantum Dot as Spin Filter and Spin Memory［J］. Phys. Rev. Lett. ,2000,85:1962-1965.

［3］ Hanson R,Vandersypen L M K,Willens Van Beveren L H,et al.Semiconductor Few-Electron Quantum Dot Operated as a Bipolar Spin Filter［J］. Phys. Rev. B, 2004, 70: 241304-241307.

［4］ Sun Q,Guo H,Wang J. A Spin Cell for Spin Current［J］. Phys. Rev. Lett. ,2003,90: 258301-258304.

［5］ Fang M,Sun L L. Spin Filter Based on an Aharonov-Bohm Interfero-meter with Rashba Spin-Orbit Effect［J］. Chin. Phys. Lett. ,2008,25:3389-3392.

［6］ Chi F,Yuan X,Zheng J. Double Rashba Quantum Dots Ring as a Spin Filter［J］. Nanoscale Research Letters,2008,3:343-347.

［7］ Vallejo M L,Ladrón DE Guevara M L,Orellana P A. Triple Rashba Dots as a Spin Filter:Bound States in the Continuum and Fano Effect［J］. Phys. Lett. A, 2010, 374: 4928-4932.

［8］ Gong W,Zheng Y,Zou J,et al. Spin Polarization and Separation in a Triple-Quantum-Dot Ring［J］. Solid State Communications,2008,147:288-292.

［9］ Fu H H,Yao K L. Perfect Spin-Filtering and Quantum-Signal Generator in a Parallel Coupled Multiple Triple-Quantum Dots Device ［J］. J. Appl. Phys. , 2012, 111: 124510-124513.

［10］ Kobayashi K,Aikawa H,Katsumoto S,et al. Tuning of the Fano Effect through a Quantum Dot in an Aharonov-Bohm Interferometer ［J］. Phys. Rev. Lett. , 2002, 88: 256806-256809.

［11］ Sato M,Aikawa H,Kobayashi K,et al. Observation of the Fano-Kondo Antiresonance in a Quantum Wire with a Side-Coupled Quantum Dot［J］. Phys. Rev. Lett. , 2005, 95: 066801-066804.

［12］ Bärnthaler A,Rotter S,Libisch F,et al. Probing Decoherence through Fano Resonances ［J］. Phys. Rev. Lett. ,2010,105:056801-056804.

［13］ Joe Y S,Satanin A M,Klimeck G. Interactions of Fano Resonances in the Transmission of an Aharonov-Bohm Ring with Two Embedded Quantum Dots in the Presence of a Magnetic Field[J]. Phys. Rev. B,2005,72:115310-1153105.

[14] Ladrón De Guevara M L,Claro F,Orellana P A. Ghost Fano Resonance in a Double Quantum Dot Molecule Attached to Leads[J]. Phys. Rev. B,2003,67:195335-195340.

[15] Žitko R. Fano-Kondo Effect in Side-Coupled Double Quantum Dots at Finite Temperatures and the Importance of Two-Stage Kondo Screening[J]. Phys. Rev. B,2010,81:115316-115324.

[16] Fuhrer A,Brusheim P,Ihn T. Fano Effect in a Quantum-Ring-Quantum-Dot System with Tunable Coupling[J]. Phys. Rev. B,2006,73:205326-205334.

[17] Tamura H,Sasaki S. Fano-Kondo Effect in Side-Coupled Double Quantum Dot[J]. Physica E:Low-dimensional Systems and Nanostructures,2010,42:864-867.

[18] Barański J,Domański T. Decoherence Effect on Fano Line Shapes in Double Quantum Dots Coupled Between Normal and Superconducting Leads[J]. Phys. Rev. B,2012,85:205451-205457.

[19] Barański J,Domański T. Fano-Type Interference in Quantum Dots Coupled between Metallic and Superconducting Leads[J]. Phys. Rev. B,2011,84:195424-195432.

[20] Dayem A H,Martin R J. Quantum Interaction of Microwave Radiation with Tunneling between Superconductors[J]. Physical Review Letters,1962,8(6):246.

[21] Tien P K,Gordon J P. Multiphoton Process Observed in the Interaction of Microwave Fields with the Tunneling between Superconductor Films[J]. Physical Review,1963,129(2):647.

[22] Kouwenhoven L P,Jauhar S,Orenstein J,et al. Observation of Photon-assisted Tunneling through a Quantum Dot[J]. Physical review letters,1994,73(25):3443.

[23] Blick R H,Haug R J,Van Der Weide D W,et al. Photon-assisted Tunneling through a Quantum Dot at High Microwave Frequencies[J]. Applied Physics letters,1995,67(26):3924-3926.

[24] Pedersen M H,Büttiker M. Scattering Theory of Photon-assisted Electron Transport[J]. Physical Review B,1998,58(19):12993.

[25] Stafford C A,Wingreen N S. Resonant Photon-assisted Tunneling through a Double Quantum Dot:An Electron Pump from Spatial Rabi Oscillations[J]. Physical review letters,1996,76(11):1916.

[26] Zhao H K. Photon-assisted Resonant Transport through a Multi-terminal Mesoscopic System[J]. Zeitschrift für Physik B Condensed Matter,1997,102(3):415-424.

[27] Wang B C,Cao G,Chen B B,et al. Photon-assisted Tunneling in an Asymmetrically Coupled Triple Quantum Dot[J]. Journal of Applied Physics,2016,120(6):064302.

[28] Tang H Z,An X T,Wang A K,et al. Photon Assisted Tunneling through Three Quantum Dots with Spin-orbit-coupling[J]. Journal of Applied Physics,2014,116(6):063708.

[29] Xie W,Chu W,Zhang W,et al. Photon-assistant Fano Resonance in Serially Coupled Triple Quantum Dots[J]. Journal of Physics:Condensed Matter,2008,20(32):325223.

［30］ Molnar B,Vasilopoulos P,Peeters F M. Magneto Conductance through a Chain of Rings with or without Periodically Modulated Spin-Orbit Interaction Strength and Magnetic Field［J］. Phys. Rev. B,2005,72:075330-075336.

［31］ Santos L F,Dykman M I. Two-Particle Localization and Antiresonance in Disordered Spin and Qubit Chains［J］. Phys. Rev. B,2003,68:214410-214421.

［32］ Gong W,Liu Y,Lü T. Well-Defined Insulating Band for Electronic Transport through a Laterally Coupled Double-Quantum-Dot Chain:Nonequilibrium Green's Function Calculations［J］. Phys. Rev. B,2006,73:245329-245337.

［33］ Sun Q F,Wang J,Guo H. Quantum Transport Theory for Nanostructures with Rashba Spin-Orbital Interaction［J］. Phys. Rev. B,2005,71:165310-165320.

［34］ Calvo H L,Classen L,Splettstoesser J,et al. Interaction-Induced Charge and Spin Pumping through a Quantum Dot at Finite Bias［J］. Phys. Rev. B,2012,86:245308-245323.

［35］ Donarini A,Begemann G,Grifoni M. Interference Effects in the Coulomb Blockade Regime:Current Blocking and Spin Preparation in Symmetric Nanojunctions［J］. Phys. Rev. B,2010,82:125451-125460.

［36］ Studenikin S A,Aers G C,Granger G,et al. Quantum Interference between Three Two-Spin States in a Double Quantum Dot［J］. Phys. Rev. Lett. ,2012,108:226802-226805.

［37］ Chang B,Wang Q,Xie H,et al. Macroscopic Quantum Coherence in a Single Molecular Magnet and Kondo Effect of Electron Transport［J］. Phys. Lett. A,2011,375:2932-2938.

［38］ Romo R,Villavicencio J,Ladrón De Guevara M L. Trapping Effects in Wave-Packet Scattering in a Double-Quantum-Dot Aharonov-Bohm Interferometer［J］. Phys. Rev. B, 2012,86:085447-085454.

［39］ Hedin E R,Perkins A C,Joe Y S. Combined Aharonov-Bohm and Zeeman Spin-Polarization Effects in a Double Quantum Dot Ring［J］. Phys. Lett. A,2011,375:651-656.

［40］ Chi F,Liu J L,Sun L L. Fano-Rashba Effect in a Double Quantum Dot Aharonov-Bohm Interferometer［J］.J. Appl. Phys. ,2007,101:093704-093708.

［41］ Lee J,Spector H N,Chou W C,et al. Rashba Spin Splitting in Parabolic Quantum Dots ［J］.J. Appl. Phys. ,2006,99:113708-113713.

［42］ Jiang Z T,Yang Y N,Qin Z J. Influences of a Side-Coupled Triple Quantum Dot on Kondo Transport through a Quantum Dot［J］.Commun. Theor. Phys. ,2010,54:925-932.

［43］ Liu Y,Chen Y H,Wang Z G. Kondo Effect in a Triangular Triple Quantum Dots Ring with Three Terminals［J］. Solid State Commun. ,2010,150:1136-1140.

［44］ Chiappe G,Anda E V,Costa Ribeiro L,et al. Kondo Regimes in a Three-Dots Quantum Gate［J］. Phys. Rev. B,2010,81:041310-041313.

［45］ Li Y X. Fano Resonance and Flux-Dependent Transport through a Triple-Arm Aharonov-Bohm Interferometer under an Applied Electric Field［J］.J. Phys. :Condens. Matter, 2007,19:496219-496227.

［46］ Vernek E,Orellana P A,Ulloa S E. Suppression of Kondo Screening by the Dicke Effect in Multiple Quantum Dots［J］. Phys. Rev. B,2010,82:165304-165313.

[47] Tanamoto T, Nishi Y. Fano-Kondo Effect in a Two-Level System with Triple Quantum Dots[J]. Phys. Rev. B, 2007, 76: 155319-155323.

[48] Bai L, Zhang Q, Jiang L, et al. Tunable Supercurrent in a Triangular Triple Quantum Dot System[J]. Phys. Lett. A, 2010, 374: 2584-2588.

[49] Shangguan W Z, Yeung T C AU, Yu Y B, et al. Quantum transport in a one-dimensional quantum dot array[J]. Phys. Rev. B, 2001, 63: 235323-235392.

[50] Yu L W, Chen K J, Wu L C, et al. Collective Behavior of Single Electron Effects in a Single Layer Si Quantum Dot Array at Room Temperature[J]. Phys. Rev. B, 2005, 71: 245305-245309.

[51] Moldoveanu V, Aldea A, Tanatar B. Tunneling Properties of Quantum Dot Arrays in a Strong Magnetic Field[J]. Phys. Rev. B, 2004, 70: 085303-085312.

[52] Zhao H K. Mesoscopic Transport through a Multi-terminal Quantum Dot System[J]. Physics Letters A, 1997, 226: 105-111.

[53] Cho S Y, Zhou H Q, McKenzie1 R H. Quantum Transport and Integrability of the Anderson Model for a Quantum Dot With Multiple Leads[J]. Phys. Rev. B, 2003, 68: 125327-125331.

[54] Lebanon E, Schiller A. Measuring the Out-Of-Equilibrium Splitting of the Kondo Resonance[J]. Phys. Rev. B, 2002, 65: 035308-035312.

[55] Cho S Y, Zhou H Q, Mckenzie R H. Quantum Transport and Integrability of the Anderson Model for a Quantum Dot with Multiple Leads[J]. Phys. Rev. B, 2003, 68: 125327- 125332.

[56] Orellana P A, Dominguez-Adame F, Gomez I, et al. Transport through a Quantum Wire with a Side Quantum-Dot Array[J]. Phys. Rev. B, 2003, 67: 085321-085326.

[57] 王松. 热偏压下量子点中的自旋抽运[D]. 包头: 内蒙古科技大学, 2016.

[58] 安兴涛, 穆惠英, 咸立芬, 等. 量子点双链中电子自旋极化输运性质[J]. 物理学报, 2012(15): 427-433.

[59] 苏晋. 量子点模型中的自旋极化输运研究[D]. 太原: 山西大学, 2007.

[60] 王强. 量子点系统中的热输运研究[D]. 太原: 山西大学, 2013.

[61] 郝方原. 耦合三端子量子点系统中自旋极化输运特性的研究[D]. 广州: 华南师范大学, 2014.

[62] Kondo J. Giant thermo-electric power of dilute magnetic alloys[J]. Progress of Theoretical Physics, 1965, 34(3): 372-382.

[63] 白继元. 耦合多量子点干涉仪系统电输运理论研究[D]. 哈尔滨: 哈尔滨工程大学, 2019.

[64] Dicke R H. The effect of Collisions Upon the Doppler Width of Spectral Lines[J]. Physical Review, 1953, 89(2): 472-473.

[65] Aharonov Y, Bohm D. Time in the Quantum Theory and the Uncertainty Relation for Time and Energy[J]. Physical Review, 1961, 122(5): 1649-1658.

[66] Colvin V L, Schlamp M C, Alivisatos A P. Light-emitting Diodes Made from Cadmium Selenide Nanocrystals and a Semiconducting Polymer[J]. Nature, 1994, 370(6488):

354-357.

［67］ 赵鑫. 外场调控下若干低维量子体系中自旋输运现象研究［D］. 北京：清华大学，2019.

［68］ Ma Z S, Shi J R, Xie X C. Quantum ac Transport through Coupled Quantum Dots［J］. Phys. Rev. B,2000,62:15352.

［69］ Zhao X, Zheng J, Yuan R Y, et al. Fano Resonance and Power Output in a Quantum-dot-embedded Aharonov-Bohm Ring Subjected to THz Irradiation［J］. Current Appl. Phys, 2019:19:447.

［70］ Zhao H K, Zou W K. Fano-Kondo Shot Noise in a Quantum Dot Embedded Interferometer Irradiated with Microwave Fields［J］. Phys. Lett. A,2015,379:389-395.